基于“校企合作”人才培养模式机械类专业教改新教材

机械装置拆装测绘实训

主　编　曹焕亚　娄岳海
副主编　林畅江　陈　镩
参　编　傅笑清　陈　铮

机 械 工 业 出 版 社

本书是根据机械类专业教学改革及职业教育院校机械类专业学生操作技能和职业素质的培养需要而编写的。本书以实际任务为主线，将理论知识与实训内容紧密结合，按照从简到繁、从易到难、从实物到理论的模式安排课程内容。本书分为实训篇和基础篇，主要内容包括台式钻床主轴箱的拆装、汽车手动变速驱动桥的拆装、典型拆装工具、机械装置的拆卸、机械装置的测绘和机械装置的装配六部分。

本书可作为职业院校机械类专业实训教材，也可作为企业培训和从事机械装置拆装测绘工程技术人员参考用书。

图书在版编目（CIP）数据

机械装置拆装测绘实训/曹焕亚，娄岳海主编. —北京：机械工业出版社，2010.2（2025.7 重印）
基于“校企合作”人才培养模式机械类专业教改新教材
ISBN 978-7-111-29559-4

Ⅰ.机… Ⅱ.①曹…②娄… Ⅲ.装配（机械）-高等学校：技术学校-教学参考资料 Ⅳ.TH16

中国版本图书馆 CIP 数据核字（2010）第 009228 号

机械工业出版社（北京市百万庄大街 22 号 邮政编码 100037）
策划编辑：汪光灿 责任编辑：张云鹏 版式设计：霍永明
责任校对：李 婷 封面设计：王伟光 责任印制：刘 媛
北京富资园科技发展有限公司印刷
2025 年 7 月第 1 版第 8 次印刷
184mm×260mm · 6 印张 · 128 千字
标准书号：ISBN 978-7-111-29559-4
定价：23.00 元

电话服务
客服电话：010-88361066
010-88379833
010-68326294

网络服务
机 工 官 网：www.cmpbook.com
机 工 官 博：weibo.com/cmp1952
金 书 网：www.golden-book.com
机工教育服务网：www.cmpedu.com

前　　言

一、课程性质

机械装置拆装测绘是机械类专业学生的专业实训课。学生通过对典型机械装置的结构分析、装置拆装与零件测绘，将拆装工艺规划、零件图绘制和现场操作规范等专业技术知识加以融会贯通，提升他们的机械装置拆卸和装配、机械零部件测绘的能力，培养其机械装置拆装测绘的职业素质。

本课程是学生在已经完成“机械制图”、“机械基础”、“机械设计基础”、“公差配合与测量技术”等专业基础课程的学习，并具备钳工初级工水平之后的专业技能综合训练课程。

二、课程目的

1）通过对机械装置各种机构及其特点的分析，加深对机构及其特性的理解；通过对装置传动系统及其组成零件的分析，加深对机械传动及通用零件的理解。

2）通过分析各机构的功能及其相互协调的运动关系，培养学生对机械结构分析能力和机械综合分析的能力。

3）通过拆装与测绘实训，让学生体会公差系统和配合类型，加深对润滑密封、间隙（游隙）调整、联接防松等知识的理解，培养学生的机械拆装及调整能力。

4）通过拆装与测绘训练，使学生熟悉拆装工具和测量工具，掌握其使用方法，进一步培养学生运用工具的能力。

5）通过实训过程培养学生符合职业要求的工作作风和工作态度。

6）通过实训过程培养学生的职业能力目标，它包括：

① 正确分析典型机械装置的结构和功能要求。

② 正确使用常用的拆装工具。

③ 正确使用常用的测量工具。

④ 根据工艺要求对机械装置进行正确的拆卸分解。

⑤ 能够正确使用制图软件绘制零件的工作图和3D造型图。

⑥ 正确绘制机械装置的结构装配总图。

⑦ 根据工艺要求对机械装置进行正确的组合装配。

⑧ 正确制订拆卸工艺。

⑨ 正确制订装配工艺。

⑩ 能够独立完成机械装置拆装工艺卡的编制。

三、教学建议

1）加强对学生实际职业能力的培养，使学生在实训活动中掌握机械装置拆装必备的专业技能。

2）在实训实践过程中，由实训指导教师提出要求或示范，组织学生进行活动，让学生在活动中掌握本课程的职业能力。

3）注重职业情景的创设，提高学生发现、分析和解决实际问题的综合职业能力。

4）建议本课程课时为60～90课时。

本书是浙江省普通高等教育重点建设教材，由浙江机电职业技术学院曹焕亚、娄岳海、林畅江，浙江商业职业技术学院陈锌，杭州西湖台钻有限公司傅笑清，上海汽车股份有限公司上海汽车齿轮箱厂陈铮合作编写。其中，课题一由曹焕亚、傅笑清编写，课题二由曹焕亚、陈铮编写，课题三由林畅江编写，课题四、课题六和附录由娄岳海编写，课题五由陈锌编写。全书由曹焕亚、娄岳海任主编，林畅江、陈锌任副主编。

由于编者水平有限，书中错误与不足之处在所难免，恳请广大读者批评指正。

编　者

目　录

前言

实　训　篇

课题一　台式钻床主轴箱的拆装与测绘 …… 3
1-1　台式钻床工作原理及其主轴箱结构 …… 3
1-2　台式钻床主轴箱的拆卸 …… 8
1-3　台式钻床主轴箱的测绘 …… 9
1-4　台式钻床主轴箱的装配 …… 11
思考与练习 …… 13
课题二　汽车手动变速驱动桥的拆装与测绘 …… 14
2-1　汽车手动变速驱动桥的结构 …… 14
2-2　汽车手动变速驱动桥的拆卸 …… 15
2-3　汽车手动变速驱动桥主要部件的测绘 …… 18
2-4　汽车手动变速驱动桥的装配 …… 19
思考与练习 …… 21

基　础　篇

课题三　典型拆装工具 …… 25
课题四　机械装置的拆卸 …… 32
4-1　机械装置拆卸的一般要求 …… 32
4-2　典型零件的拆卸方法 …… 34
4-3　清洗与检查 …… 39
课题五　机械装置的测绘 …… 42
5-1　机械装置测绘概述 …… 42
5-2　机械装置测绘的准备工作 …… 43
5-3　零件测绘的方法 …… 44
5-4　尺寸圆整 …… 48
5-5　极限与配合的确定 …… 51
5-6　表面粗糙度的确定 …… 56
5-7　材料及热处理工艺的确定 …… 57
5-8　形状和位置公差的选择 …… 62
课题六　机械装置的装配 …… 66
6-1　装配的一般要求 …… 66
6-2　典型零件的装配 …… 68
附录 …… 82
附录 A　产品图样的编号 …… 82
附录 B　装配工艺流程模板（台式钻床主轴箱装配工艺流程） …… 85
参考文献 …… 89

实训篇

课题一　台式钻床主轴箱的拆装与测绘

【学习目标】

1. 掌握台式钻床工作原理及工艺特点，能够自如地运用所学知识对台式钻床主轴箱结构进行分析。

2. 能合理地制订拆装的工艺，确定零件的材料、公差要求和表面粗糙度要求等。

3. 绘制零件草图及零件图，了解3D软件造型的方法。

1-1　台式钻床工作原理及其主轴箱结构

一、概述

台式钻床是一种体积小巧，操作简便，通常安装在专用工作台上使用的小型孔加工机床。

台式钻床简称台钻，以加工质量较轻的工件为主，主轴转速较高，用于加工外形复杂、没有对称旋转轴线的工件，如杠杆、盖板、箱体、机架等零件上的单孔或孔系。台式钻床还能完成扩孔、铰孔、攻螺纹和铣削端面等加工。

台式钻床如图1-1所示，其主要结构由工作台1、主轴2、进给操纵手柄3、主轴箱4和立柱5组成。

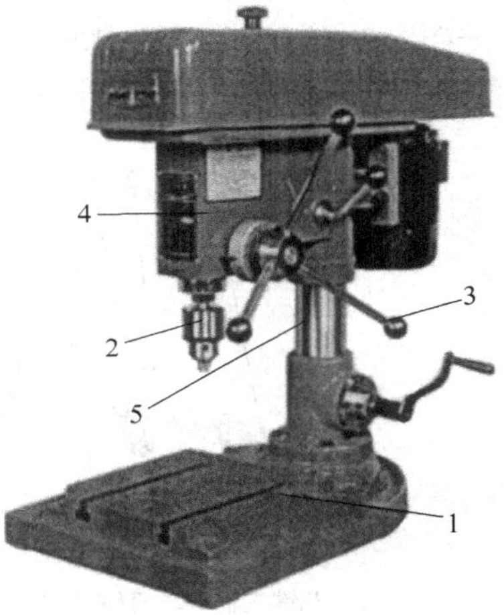

图1-1　台式钻床

1—工作台　2—主轴　3—进给操纵手柄　4—主轴箱　5—立柱

台式钻床的传动系统由主运动传动链、进给运动传动链组成。

（1）主运动　由交流异步电动机传出，经带传动使带轮带动花键套部件转动，花键主轴旋转实现动力传递，即驱动钻头进行钻削运动。

（2）进给运动　由外力施加给进给操纵手柄，通过齿轮轴旋转带动齿条套筒，实现主轴向下进给运动。

（3）辅助运动　由齿轮轴部件中的弹簧实现齿轮轴回位。

二、台式钻床主轴箱的结构

台式钻床主轴箱如图1-2所示，主要由花键主轴套筒部件、花键套部件、齿轮轴部件和箱体等4部分结构组成。

台式钻床主轴箱的运动部件是由齿条套筒部件、花键套部件及齿轮轴部件组成，如

图1-3所示。其中，齿条套筒部件和花键套部件如图 1-4 所示，齿条套筒部件结构如图 1-5 所示，花键套部件结构如图 1-6 所示，齿轮轴部件如图 1-7 所示，齿轮轴部件结构如图1-8所示。

图 1-2　台式钻床主轴箱结构

1—箱体　2—锁紧扳手　3—花键主轴

4—进给操纵手柄　5—箱盖　6—带轮

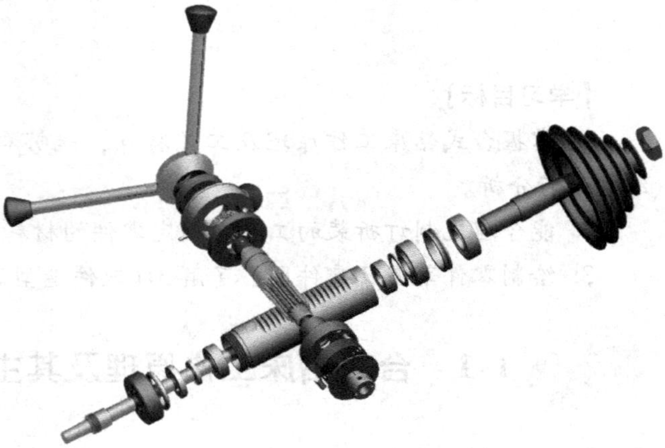

图 1-3　台式钻床主轴箱总成的运动部件

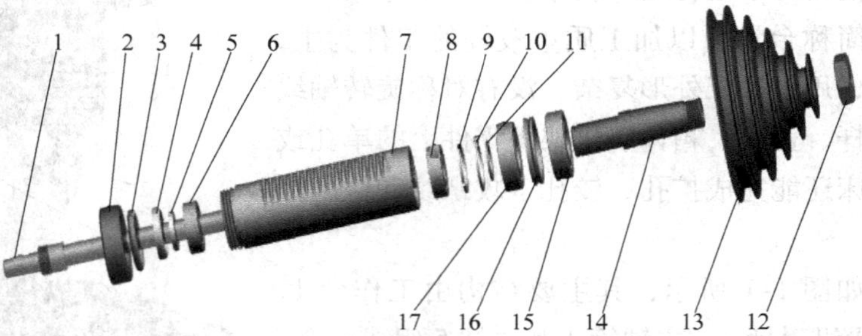

图 1-4　齿条套筒部件和花键套部件

1—花键主轴　2—套筒螺母　3—羊毛垫圈　4—外挡圈　5—内挡圈　6、8、15、17—轴承

7—齿条键套筒　9、10—挡圈　11—钢丝挡圈　12—螺母　13—主轴带轮　14—花键套　16—轴承外隔圈

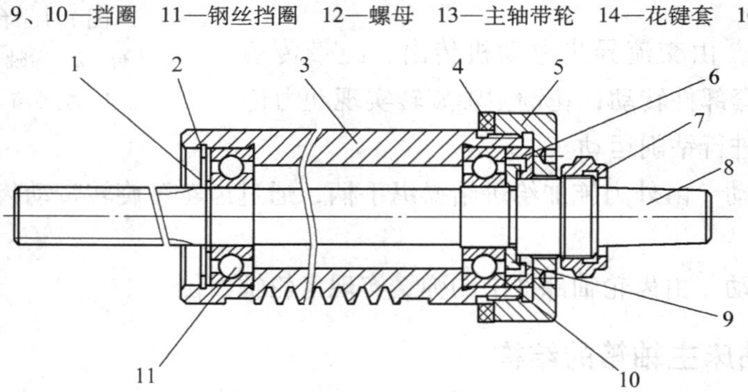

图 1-5　齿条套筒部件结构

1—轴挡圈　2—孔挡圈　3—套筒　4—羊毛垫圈　5—套筒螺母　6—外挡圈

7—主轴螺母　8—主轴　9—内挡圈　10、11—轴承

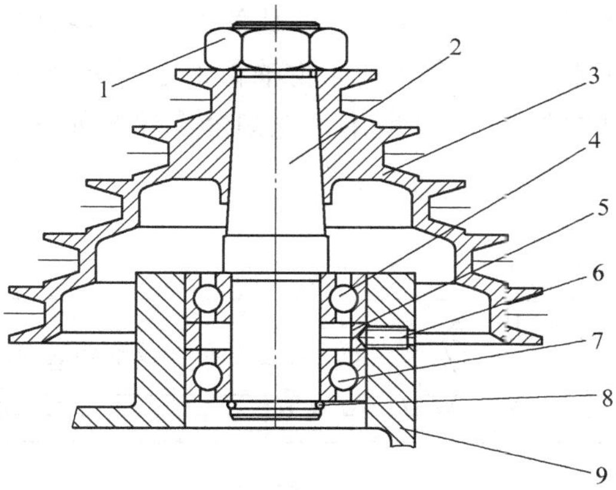

图 1-6　花键套部件结构

1—螺母　2—花键套　3—主轴带轮　4、7—轴承

5—轴承外隔圈　6—螺钉　8—钢丝挡圈　9—箱体

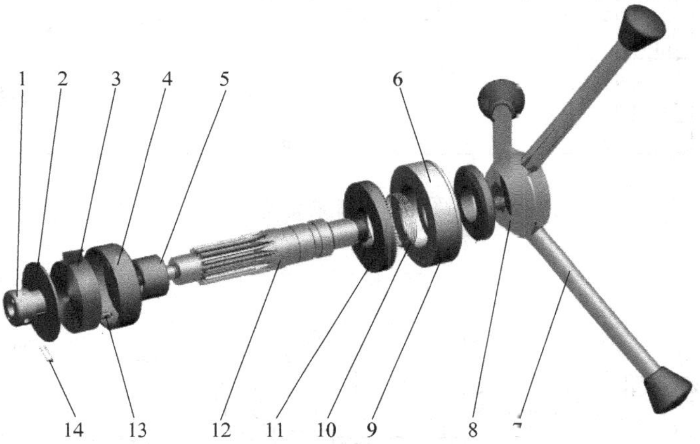

图 1-7　齿轮轴部件

1—弹簧轴　2—弹簧盖　3—涡卷弹簧　4—弹簧罩　5—轴套　6—零位销　7—手柄

8—手柄座　9—刻度盘　10—弹簧　11—齿盘　12—齿轮轴　13、14—螺钉

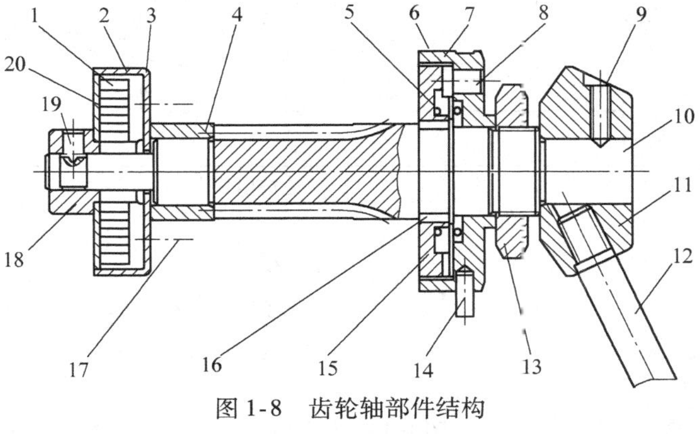

图 1-8　齿轮轴部件结构

1—涡卷弹簧　2—弹簧罩　3—调整垫圈　4—轴套　5—挡圈　6—弹簧　7—刻度盘　8—齿销

9、17、19—螺钉　10—齿轮轴　11—手柄座　12—手柄　13—锁紧螺母

14—零位销　15—齿盘　16—键　18—弹簧轴　20—弹簧盖

主轴箱体是台式钻床主轴箱中各部件的承载部件，可以将电动机的动力通过带轮传至主轴，确保运动部件正常工作。台式钻床主轴箱中主要传动零件：齿条套筒零件图如图 1-9 所示，齿轮轴零件图如图 1-10 所示，花键套零件图如图 1-11 所示，花键主轴零件图如图 1-12 所示。

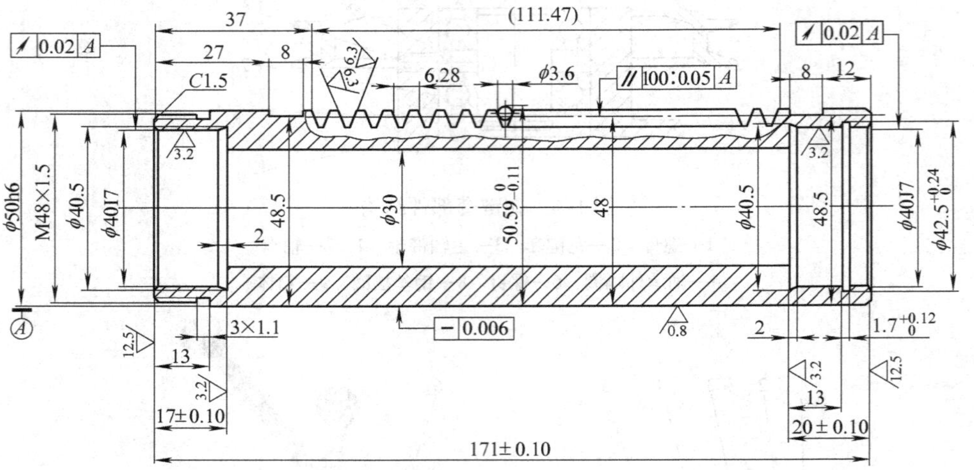

图 1-9　齿条套筒

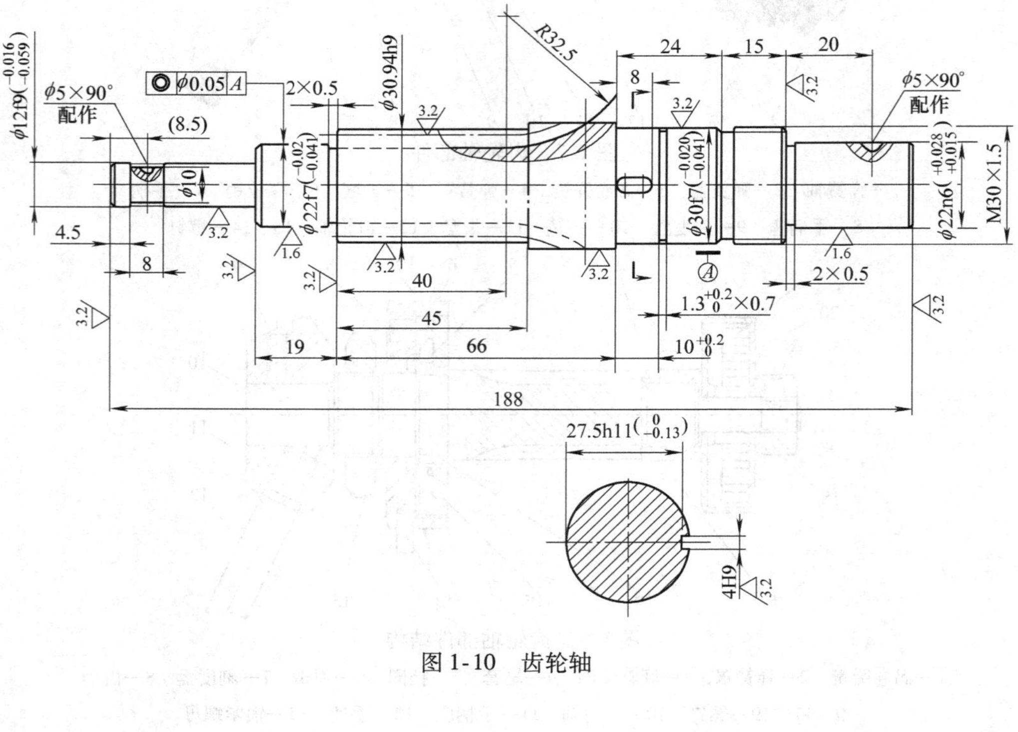

图 1-10　齿轮轴

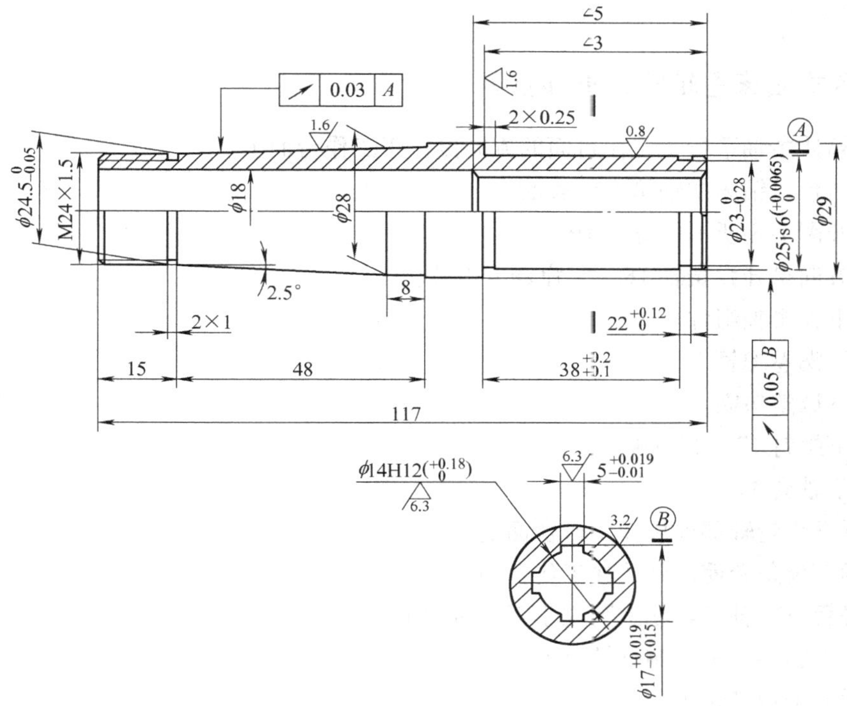

图 1-11　花键套

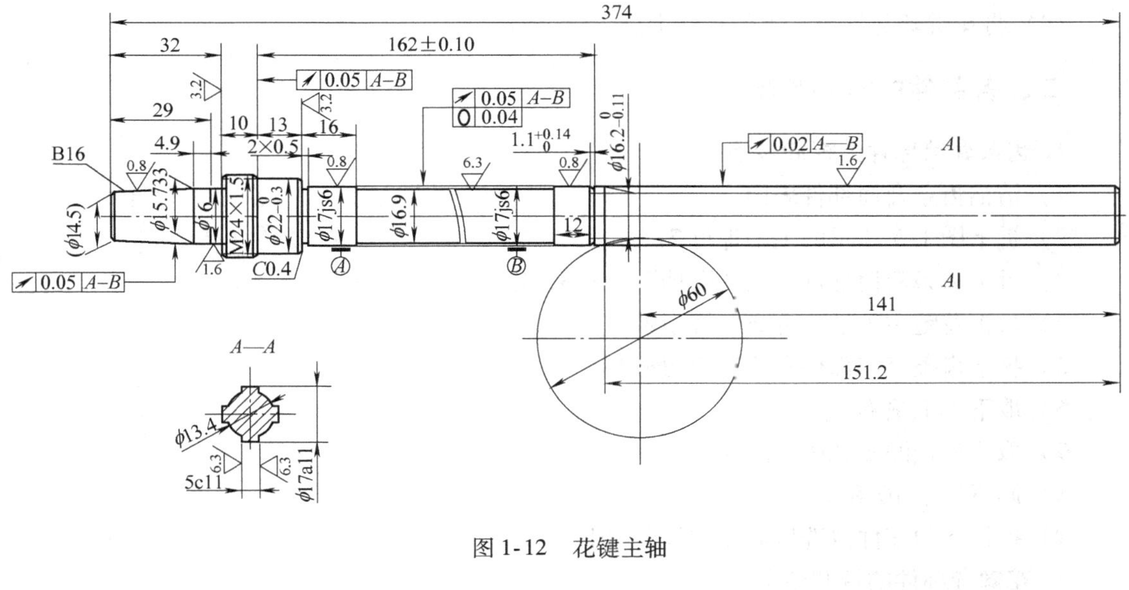

图 1-12　花键主轴

1-2 台式钻床主轴箱的拆卸

一、台式钻床主轴箱的拆卸步骤

1）将箱体主轴平行于工作台面的方向侧立于工作台面上。
2）清洁台式钻床主轴箱部件表面。
3）松开图 1-8 所示的螺钉 19。
4）反方向松开弹簧轴 18，使弹簧 1 松开。
5）拆下弹簧轴组件。
6）拆下涡卷弹簧 1。
7）卸下调整垫圈。
8）拆下螺钉 17，卸下弹簧罩 2。
9）拆下轴套 4。
10）拆下齿轮轴部件放在工作台面上。
11）拆下齿条套筒部件放在工作台面上。
12）将箱体主轴带轮朝上竖立于工作台面上。
13）拆下图 1-6 中的调整螺母 1。
14）拆下主轴带轮 3。
15）拆下轴承外隔圈锁紧螺钉 6。
16）将箱体侧立于工作台面上。
17）拆下花键套部件。
18）将花键套部件放在工作台面上。

二、各部件的拆卸步骤

1. 齿条套筒部件的拆卸步骤

1）清洁齿条套筒部件表面。
2）拆下图 1-5 所示的主轴螺母 7。
3）拆下齿条套筒部件左侧的孔挡圈 2 和轴挡圈 1。
4）敲击花键主轴端，分离花键主轴 8。
5）拆下齿条套筒部件右侧套筒螺母 5。
6）取下羊毛垫圈 4。
7）取下外挡圈 6 和内挡圈 9。
8）卸下轴承 10 和 11。
9）把拆下的零件清洗后放在工作台面上。

2. 花键套部件的拆卸步骤

1）清洁花键套部件表面。

2）拆下图 1-6 所示的钢丝挡圈 8。

3）敲击花键套端部，卸下花键套轴承 4、7 和轴承外隔圈 5。

4）把拆下的零件清洗后放在工作台面上。

3. 齿轮轴部件的拆卸步骤

1）清洁齿轮轴部件表面。

2）卸下图 1-8 所示的手柄 12。

3）拆下螺钉 9。

4）压紧齿轮轴端部，卸下手柄座 11。

5）拆下锁紧螺母 13。

6）拆下刻度盘 7。

7）拆下弹簧 6。

8）拆下挡圈 5。

9）拆下齿盘 15。

10）拆下键 16。

11）把拆下的零件清洗后放在工作台面上。

三、安全提示

1）拆卸前应先切断电源。

2）根据零、部件连接形式和零件规格尺寸，选用合适的拆卸工具和设备。

3）台式钻床主轴箱拆卸的原则为由外至里、由大到小、由部件到零件的拆卸顺序，注意将一个部件拆卸下来的零件集中放置，并进行标识。

4）对不可拆连接或拆后降低精度的结合件，若必须拆卸时，要注意保护精度高、材料贵、结构复杂、生产周期长的零件。不要用精度高且重要的零件表面作为放置的支承面，以免损伤；必须使用时，应垫好橡胶板或软布。

5）拆卸涡卷弹簧时，防止涡卷弹簧弹出造成危险。

6）两人以上共同完成此实训时，要注意相互之间配合。

1-3 台式钻床主轴箱的测绘

一、主要部件测绘与分析

1. 齿条套筒部件中各零件材料与技术要求

（1）花键主轴　花键主轴如图 1-13 所示。该零件直接影响台式钻床钻孔时刀具的回

图 1-13　花键主轴

转精度，在主轴有两处与轴承配合的表面，表面粗糙度值为 $R_a0.8\mu m$，且需保证花键表面相对于两轴承中心的径向圆跳动 0.02mm、$\phi17js6$ 处外圆表面圆度 0.04mm 和径向圆跳动 0.05mm 的要求。材料选择 45 钢。

（2）齿条套筒　齿条套筒如图 1-14 所示，它是支承花键主轴作旋转主运动的零件，且传递轴向上下进给运动，与轴承配合的轴承座 $\phi40J7$ 表面，表面粗糙度值为 $R_a3.2\mu m$，相对于齿条套筒表面的径向圆跳动 0.02mm，齿条相对于齿条套筒外圆的平行度为 0.05/100mm，外圆表面直线度 0.06mm。材料为 45 钢。

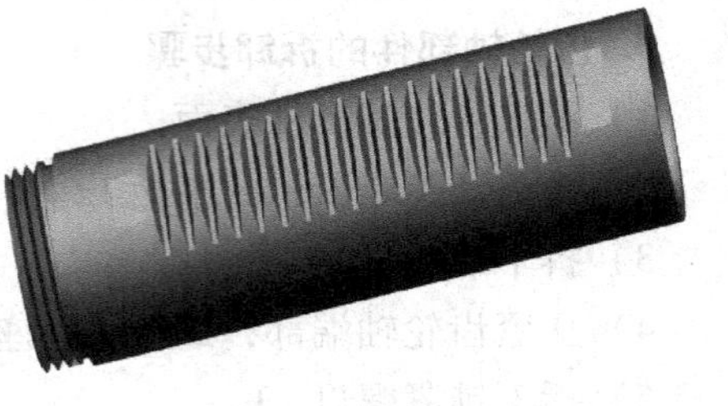

图 1-14　齿条套筒

（3）螺母　螺母 M24×1.5 用来固定花键套，调节花键主轴轴向间隙。

（4）内、外挡圈　内、外挡圈装在套筒螺母和轴承之间，用来调整轴承间隙。材料为 35 钢。

（5）轴承　轴承规格为 6203。

2. 花键套部件中零件材料与技术要求

（1）主轴带轮　通过带传动将电动机动力传递给花键套，该零件安装在花键套的锥部，两者锥度要求互相匹配，接触面的表面粗糙度值为 $R_a3.2\mu m$，各带槽相对于锥孔中心线径向圆跳动为 0.08mm。材料为 HT200。

（2）轴承　轴承规格为 6205。

（3）轴承外隔圈　轴承外隔圈装在两个 6205 轴承之间，两端面表面粗糙度值为 $R_a3.2\mu m$，材料为 35 钢。

（4）花键套　花键套如图 1-15 所示，它将带轮的运动传递给花键主轴，该零件的锥部与带轮配合，花键槽与花键主轴配合，则两者锥度、花键要求互相匹配。有两处与轴承 6205 配合的表面，表面粗糙度值为 $R_a0.8\mu m$，且需保证锥面相对于两轴承安装表面中心径向圆跳动的要求。材料为 45 钢。

3. 齿轮轴部件中各零件材料与技术要求

（1）齿轮轴　齿轮轴如图 1-16 所示，该零件上在 $\phi22mm$ 处有两个起支承作用且需与轴套有相对运动的表面，表面粗糙度值为 $R_a1.6\mu m$，齿轮齿面的表面粗糙度值为 $R_a3.2\mu m$，公差等级为 g6，材料为 45 钢。

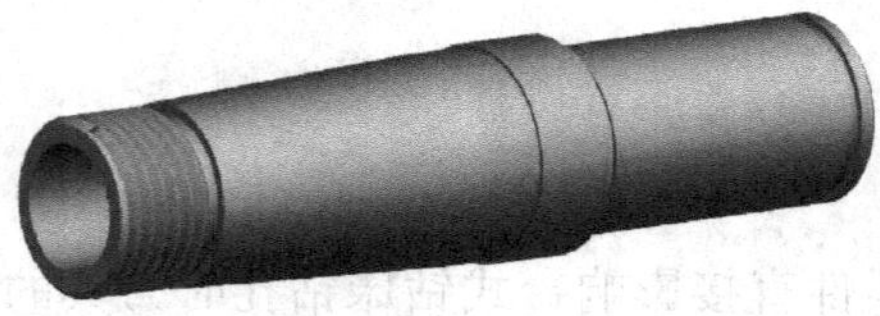

图 1-15　花键套

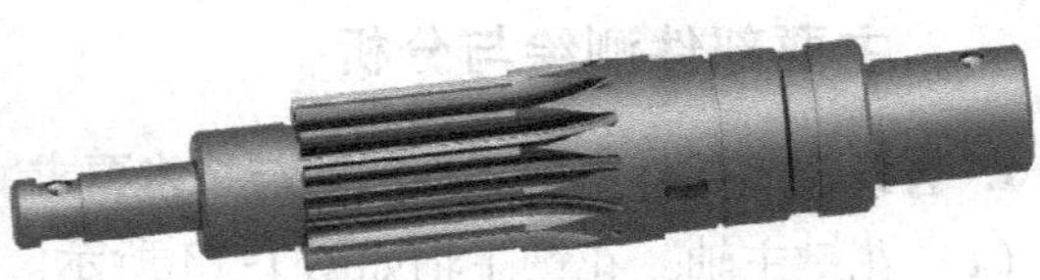

图 1-16　齿轮轴

（2）手柄座　手柄座用来装手柄，通过手柄转动使主轴进行上下运动，实现进给运动，材料为 HT150，表面镀铬。

（3）锁紧螺母　锁紧螺母用来调整和固定刻度盘，控制主轴轴向进给量，材料为 35 钢，表面滚花。

（4）齿盘　齿盘用来带动刻度盘，材料为 45 钢。

（5）轴套　轴套为易损件，可通过更换轴套来调节齿轮轴回转时支承处的间隙，其表面粗糙度值为 $R_a3.2\mu m$，$\phi32n6$ 和 $\phi22H7$ 两尺寸的同轴度的要求为 $\phi0.04mm$。其材料为铁基粉末冶金。

（6）弹簧罩　弹簧罩用来装弹簧，材料为 Q235。

（7）弹簧盖　弹簧盖用来固定弹簧，材料为 Q235。

（8）弹簧轴　弹簧轴用来固定弹簧盖，材料为 35 钢。

（9）弹簧　弹簧用来使齿轮轴复位，材料为 60Si2MnA。

4. 台式钻床主轴箱体材料与技术要求

主轴箱体对材料的刚性要求不高，一般用 HT200 或 HT250 铸造而成。台式钻床的主轴箱体与传动件配合位置的表面粗糙度值为 $R_a1.6\mu m$，要保证主轴轴线与齿轮轴轴线的垂直度要求，箱体上不能有裂痕、砂眼、缩孔等缺陷；箱体上应涂上防锈漆，防止生锈。

二、安全注意事项

1）正确使用测量工具，勿损伤量具。

2）两人以上共同完成此实训时，要注意相互之间配合。

1-4　台式钻床主轴箱的装配

一、组装齿条套筒部件

1）修刮清理花键主轴、齿条套筒等零件上的毛刺，清洁所有待装零件。

2）将图 1-5 所示轴承 11 摆正后用专用压头工具平稳地压入齿条套筒短端轴承孔。

3）将孔挡圈 2 卡入套筒孔槽内。

4）再将轴承 10 摆正后用专用压头工具将其平稳地压入齿条套筒长端的轴承孔内。

5）依次把内挡圈 9、外挡圈 6 装入套筒中，再用专用工具将套筒螺母 5 旋紧于套筒外螺纹上。

6）将装有套筒螺母端朝上竖放在专用工装上，把经过冷冻的花键主轴轻压于两只轴承孔内，并卡入轴挡圈 1。

7）检验。

① 应保持操作时清洁。

② 手感齿条套筒转动应平稳、灵活。

③ 主轴锥面对套筒外圆径向圆跳动不大于 0.01mm。

二、组装齿轮轴部件

1）将图 1-8 所示齿轮轴毛刺修刮清理干净，并清洁手柄座 11、刻度盘 7、齿盘 15、锁紧螺母 13、弹簧 6、齿销 8、键 16 等零件。

2）刻度盘组件组装。

① 用专用工装将齿销 8 平稳压入刻度盘 ϕ8H7 孔内，注意齿销方向。

② 将零位销 14 平稳地压入刻度盘 ϕ5H7 孔内。

3）在齿轮轴上依次装入键 16、齿盘 15、挡圈 5，将弹簧 6 配入齿盘平面槽内，再装上刻度盘组件，旋入锁紧螺母 13 并拧紧。

4）将齿轮轴 10 摆正后平稳地压入手柄座孔中。

5）配作齿轮轴 ϕ5mm × 900 孔，回攻手柄座 M6 螺孔至齿轮轴 ϕ5mm 孔。

6）旋入螺钉 9 并拧紧。

7）检验。

① 各零件安装位置正确，清洁无损伤。

② 刻度盘锁紧后，齿销与齿盘间不发生打滑。

③ 手柄座与齿轮轴无相对打滑。

三、组装花键套部件

1）将图 1-6 所示花键套各部件毛刺修刮干净，并清洁所有待装零件。

2）把轴承 4、轴承外隔圈 5、轴承 7 依次放入专用工装内，将冷冻过的花键套 2 压入轴承孔内。

3）用专用工具把钢丝挡圈 8 装入花键套槽内。

4）检验。

① 各零件安装位置正确，清洁无损伤。

② 允许花键套有微量轴向窜动量。

③ 花键套转动灵活，无阻滞现象。

四、清洗主轴箱

1）用干净柴油将箱体腔内各孔清洗干净，要求腔内不得有铁屑、砂粒等残留物粘附。

2）清洗后把箱体放到专用工位器具上。

3）检验。箱体腔内及各孔表面清洁，无铁屑、砂粒等残留物粘附。

五、箱体部件的总装

台钻主轴箱体如图 1-17 所示，其总装步骤如下：

1）检查齿条套筒部件和花键套部件（图 1-4）、齿轮轴部件（图 1-7），清洁其他待装零件。

2）检查箱体 A（ϕ52mm 孔）、B（ϕ70mm）、C（ϕ50mm 孔）、D（ϕ32mm 孔），清理

凸出毛刺、修刮硬点，使孔腔及孔口无毛刺和硬点。

3）把箱体平放在橡皮垫上，将轴套摆正后平稳压入箱体 ϕ32H7 孔，用三个螺钉把弹簧罩紧固在台钻主轴箱上。

4）将箱体上的 ϕ8H7 孔清洁去毛刺，再把 ϕ8mm 定位销敲入。

5）把浸过机油（全损耗系统用油）的羊毛垫套入套筒外圆，选配齿条套筒部件，装入箱体 ϕ50mm 孔内。

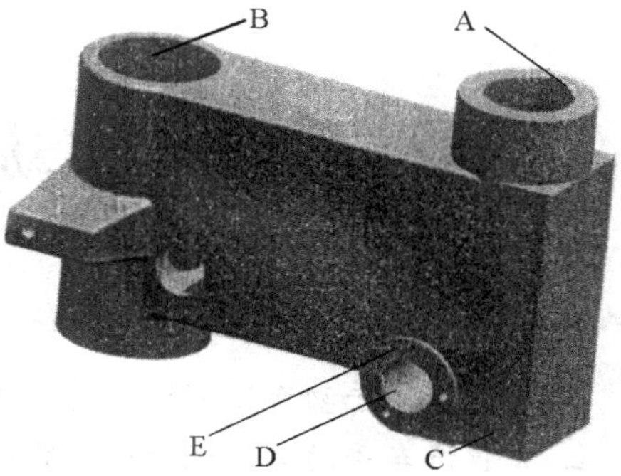

图 1-17 台钻主轴箱体

6）在齿轮轴 ϕ10mm × 8mm 中部处与弹簧轴配作钻 ϕ5mm × 90°沉孔。

7）将齿轮轴部件装入箱体 Dϕ32H7 孔内。

8）将调整垫圈装入齿轮轴 ϕ12mm 外圆上，把弹簧装入弹簧罩内，外端卡在弹簧罩槽内，装上弹簧轴组件，用专用工具把涡卷弹簧旋紧约 2 圈，拧紧螺钉 M6 × 10。

9）将花键套部件套入花键主轴，摆正后用专用工具压入主轴箱轴承孔中，注意必须施力于轴承外圈。

10）在箱体上旋入紧定螺钉并拧紧，装上带轮，用螺母将带轮紧固在花键套上。

11）检查。

① 齿条套筒全程移动必须灵活，自动回升时应无任何卡阻现象。

② 主轴外锥径向圆跳动为 0.02mm。

③ 齿条套筒移动对主轴轴心线的平行度为 0.03/100。

六、安全提示

1）根据零、部件连接形式和零件规格尺寸，选用合适的装配工具和设备。

2）安装过盈配合的零部件时，选择合理的方法。台式钻床主轴箱总成装配的原则为由里至外、先部件再总成的装配顺序，装配前注意保持零件、部件清洁。

3）两人以上共同完成此实训时，要注意相互之间配合。

思考与练习

1. 台式钻床主轴箱由哪几个部件组成？分别有何作用？
2. 装配工艺规程必须具备哪些内容？
3. 花键联结的装配要点有哪些？
4. 装配滚动轴承时应注意些什么？

课题二　汽车手动变速驱动桥的拆装与测绘

【学习目标】

1. 了解汽车手动变速驱动桥的结构。
2. 掌握汽车手动变速驱动桥拆装过程中所使用工具与量具的使用方法。
3. 掌握汽车手动变速驱动桥的拆装工艺过程规划。
4. 掌握测绘零件、简图绘制及零件图绘制等方面的知识与技能。

2-1　汽车手动变速驱动桥的结构

夏利376四档变速驱动桥如图2-1所示，主要由输出轴总成（图2-2、图2-3）、输入轴总成（图2-4、图2-5）、差速器总成等部件组成。

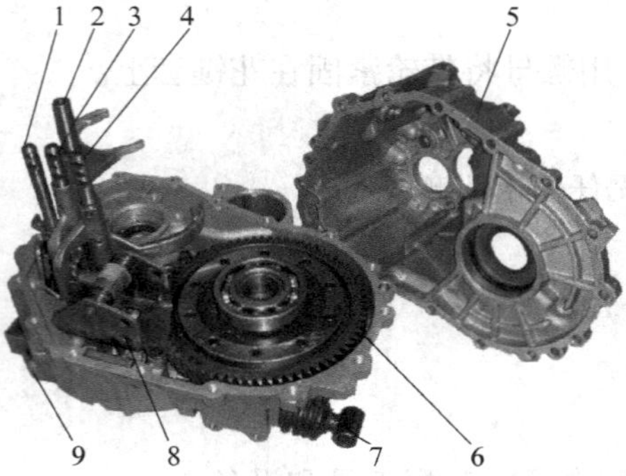

图2-1　夏利376四档变速驱动桥

1—倒档拨叉轴　2—倒档轴　3—3、4档拨叉轴　4—1、2档拨叉轴　5—前壳　6—差速器总成　7—换档轴　8—换档支架　9—尾壳

图2-2　输出轴总成

1—输出轴　2—1档常啮合齿轮　3—1档同步器啮合齿轮　4—2档常啮合齿轮　5—1、2档接合套　6—2档同步器啮合齿轮　7—2档常啮合齿轮　8—3档常啮合齿轮

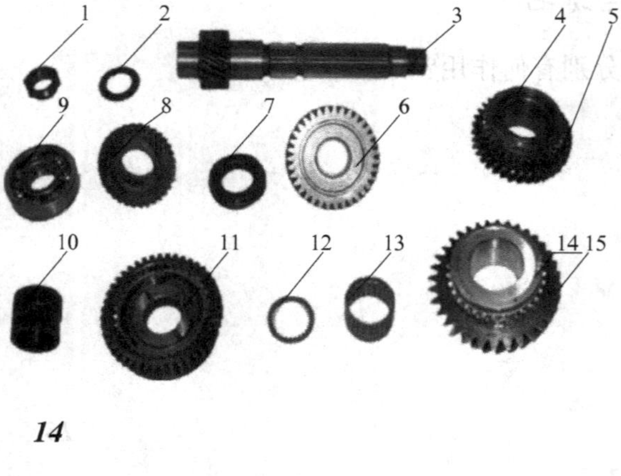

图2-3　输出轴部件中各零件

1—紧锁螺母　2—锥形弹性垫圈　3—输出轴　4—2档同步器啮合齿轮　5—2档常啮合齿轮　6—3档常啮合齿轮　7—里程表传动主动齿轮　8—4档常啮合齿轮　9—轴承　10—衬套　11—1、2档接合套　12—滚针轴承挡圈　13—滚针轴承　14—1档同步器啮合齿轮　15—1档常啮合齿轮

图 2-4　输入轴总成

1—向心球轴承　2—3 档常啮合齿轮　3—3 档同步器啮合齿轮
4—3、4 档接合套　5—4 档同步器啮合齿轮　6—4 档常啮合齿轮
7—向心球轴承　8—输入轴

图 2-5　输入轴部件中各零件

1—向心球轴承　2—输入轴　3—锥形弹性垫圈　4—锁紧螺母　5—向心球轴承　6—衬套　7—4 档同步器啮合齿轮　8—4 档常啮合齿轮
9—3、4 档接合套　10—3 档常啮合齿轮　11—3 档同步器啮合齿轮

2-2　汽车手动变速驱动桥的拆卸

一、变速驱动桥的拆卸步骤

1）拧出放油螺塞，变速驱动桥内的润滑油。

2）将变速驱动桥箱体主轴平行于工作台面的方向侧立于工作台面上。

3）清洁汽车手动变速驱动桥箱体部件表面。

4）拆卸车速表输出轴。

① 拆下车速表锁止螺钉。

② 拆下车速表锁块。

③ 拆卸下车速表输出轴。

5）拆卸油底壳。

① 拆下油底壳 10 个螺钉。

② 拆下油底壳。

6）拆下导油槽。

① 拆下换档锁止螺钉。

② 拆下换档锁止档片。

③ 拆下换档锁止弹簧

④ 拆下换档钢珠。

7）拆卸离线器支架及变速驱动桥尾壳。

① 拆下变速驱动桥壳体的 16 个螺钉。

② 拆下离线器支架。

③ 用卡环钳撑开变速驱动桥尾壳卡环。

④使用专用工具撬开变速驱动桥尾壳。

⑤ 取下变速驱动桥尾壳。

8）拆卸换档总成。

① 拆下倒档弹性圆柱销。

② 拆下 3、4 档拨叉弹性圆柱销。

③ 拆下 1、2 档拨叉弹性圆柱销。

④ 拆下倒档拨叉轴及拨叉。

⑤ 拆下倒轴倒档齿轮。

⑥ 拆下倒齿轮复位弹簧。

⑦ 拆下 3、4 档换档拨叉轴及拨叉。

⑧ 拆下 1、2 档换档拨叉轴。

⑨ 拆下换档支架的 4 个螺钉。

⑩ 取下换档支架。

⑪ 拆下互锁 2 个滑块。

⑫ 拆下 1、2 档换档拨叉。

9）拆卸输入轴部件、输出轴部件。

① 拆下输入轴轴承锁片的 2 个螺钉。

② 拆下输入轴轴承锁片。

③ 将输入轴和输出轴同时从变速驱动桥前壳内拔出。

10）拆卸差速器部件。

11）拆卸换档轴、换档轴摆臂。

① 拆下锁紧螺母及螺钉。

② 拆下换档轴及换档摆臂。

二、输入轴部件的拆卸

1）撬开锁紧螺母封口。

2）拆下锁紧螺母。

3）拆下锥形弹性垫圈。

4）使用轴承拨拉器拉出输入轴向心球轴承。

5）拆下衬套。

6）拆下输入轴 3 档常啮合齿轮。

7）拆下 3 档同步器啮合齿轮。

8）拆下 3、4 档接合套。

9）拆下 4 档同步器啮合齿轮。

10）拆下 3、4 档接合套。

11）拆下 4 档同步器啮合齿轮。

12）拆下输入轴四档常啮合齿轮。

三、输出轴部件的拆卸

1）撬开锁紧螺母封口。

2）拆下锁紧螺母。

3）拆下锥形弹性垫圈。

4）使用轴承拨拉器拉出输出轴向心球轴承。

5）拆下输出轴 4 档常啮合齿轮。

6）拆下里程表传动主动齿轮。

7）拆下输出轴 3 档常啮合齿轮。

8）拆下输出轴 2 档常啮合齿轮。

9）拆下 2 档同步器啮合齿轮。

10）拆下衬套。

11）拆下 1、2 档接合套。

12）拆下 1 档同步器啮合齿轮。

13）拆下输出轴 1 档常啮合齿轮。

14）拆下滚针轴承挡圈。

15）拆下滚针轴承。

四、差速器部件的拆卸

1）取下 8 个 M12 ×1. 25 的螺栓。

2）敲出主减速齿。

3）敲出弹性销。

4）取出行星轴。

5）取出 2 个行星齿及球面垫片。

6）取出 2 个半轴齿及垫片。

7）取出 2 个差速器锥轴承内圈。

五、安全提示

1）将机械装置内的润滑油排入专用容器中。

2）根据零、部件联接形式和零件规格尺寸，选用合适的拆卸工具和设备。

3）变速驱动桥拆卸的原则为由外至里、由大到小、由部件到零件的拆卸顺序，注意将一个部件拆卸下来的零件集中放置，并进行标识。

4）由于拆下零件较多，拆卸下来的零件、部件分类摆放，拆卸工具用完立即放回原位。

5）对不可拆联接或拆后降低精度的结合件，若必须拆卸时，要注意保护精度高、材料价格昂贵、结构复杂、生产周期长的零件。不要用精度高，且重要的零件表面做放置的支承面，以免损伤；必须使用时，应垫好橡胶板或软布。

6）两人以上共同完成此实训时，要注意相互之间配合。

2-3　汽车手动变速驱动桥主要部件的测绘

汽车手动变速驱动桥中零件较多。本部分将变速驱动桥壳体、同步器齿轮作为实例进行测绘分析。

一、变速驱动桥壳体

变速驱动桥的壳体为铝合金压铸成型。因其主要承受较大负荷，且包容各种传动零件，所以结构形状复杂，测绘时应注意轮廓的渐变。

二、同步器齿轮

在变速驱动桥中，粉末冶金材料不仅用于同步器滑块、互锁块等小型零件，而且还应用于三个不同尺寸的同步器齿毂。同步器齿毂是传力零件，铁基粉末冶金材料经表面热处理后，具有一定的强度和耐磨性，以满足同步器齿毂的要求。但是，由于同步器齿毂的结构比较高，而且其内、外花键不再进行切削加工，因此对粉末冶金同步器齿毂的烧结工序和整形工序都有严格的工艺要求。由于生产率很高，其制造能耗及生产成本很低，是少、无切屑加工的最佳选择。在测量时，注意齿轮为渐开线齿廓，偶数齿齿轮直径为直接测出的顶径，奇数齿齿轮直径为齿轮孔径与二倍的齿顶到孔壁的径向尺寸之和，模数需圆整为标准模数。

三、安全提示

1）正确使用测量工具，勿损伤量具。

2）两人以上共同完成此实训时，要注意相互之间配合。

2-4　汽车手动变速驱动桥的装配

一、输入轴的安装

1）安装输入轴4档常啮合齿轮。

2）安装4档同步器啮合齿轮。

3）安装3、4档接合套。

4）安装3档同步器啮合齿轮。

5）安装输入轴3档常啮合齿轮。

6）安装衬套。

7）安装输入轴向心球轴承。注意，压力不能超过3000N，压入输入轴向心球轴承，必须压到位。

8）安装锥形弹性垫圈。

9）安装锁紧螺母。

10）检查3档同步器啮合齿轮、4档同步器啮合齿轮的间隙，以10μm为标准。

11）将输入轴锁紧螺母封口。

二、输出轴的安装

1）安装滚针轴承。

2）安装滚针轴承挡圈。

3）安装输出轴一档常啮合齿轮。

4）安装1档同步器啮合齿轮。

5）安装1、2档接合套。

6）安装2档同步器啮合齿轮。

7）安装衬套。

8）安装输出轴2档常啮合齿轮。

9）安装输出轴3档常啮合齿轮。

10）安装里程表传动主动齿轮。

11）安装输出轴3档常啮合齿轮。

12）安装输出轴向心球轴承。

13）装锥形弹性垫圈。

14）安装锁紧螺母。

15）检查1档同步器啮合齿轮、2档同步器啮合齿轮的间隙，以10μm为标准。

16）将输出轴锁紧螺母封口。

三、变速驱动桥的安装

1）安装换档轴。检查换档轴在壳体上与油封之间的密封情况。

2）安装差速器。

3）安装输入轴与输出轴。必须将输入轴与输出轴同时插入变速驱动桥前壳内，前壳的滚珠轴承涂抹少许黄油以便滚珠定位使输出轴顺利到位。

4）安装输入轴锁块和输入轴螺钉。

5）安装换档互锁滑块。安装前涂抹少许润滑油。

6）安装1、2档拨叉。

7）安装换档支架。

8）安装换档支架螺钉。

9）安装3、4档拨叉。

10）安装倒档轴及倒档轴倒档齿轮。

11）安装倒档拨叉。

12）安装1、2档换档拨叉轴。

13）安装1、2档弹性圆柱销。

14）安装3、4档弹性圆柱销。

15）安装倒档弹性圆柱销。

16）在变速驱动桥前壳边角周围打上密封胶，防止漏油。

17）安装变速驱动桥尾壳。

18）使用卡环钳松开变速驱动桥上的卡环，并用胶皮锥使之加固密封。

19）安装离合器拉线支架。

20）安装变速驱动桥壳外围螺栓。

21）安装导油槽。

22）在变速驱动桥尾壳边角周围打上密封胶。

23）安装油底壳。

24）安装油底壳螺钉。

25）安装车速表输出轴。

26）安装车速表锁块。

27）安装换档钢珠。

28）安装换档锁止弹簧。弹簧必须高出密封面8～10mm，确保足够弹力，否则弹力不够容易脱档。

29）安装变速驱动桥前壳油封。

30）安装变速驱动桥尾壳油封。

四、安全提示

1）装配前注意保持零件、部件清洁。

2）安装时各元件的安装方向并涂抹少许润滑油.

3）装配的原则为由里至外、先安装轴系部件再进行总成装配的装配顺序。

4）根据零、部件联接形式和零件规格尺寸，选用合适的装配工具和设备。

5）安装过盈配合的零部件时，选择合理的方法。

6）安装完毕后，要求各运动部件不能有卡死、传动件异响、箱体漏油等现象。

7）两人以上完成此实训时，要注意相互之间配合。

思考与练习

1. 汽车变速驱动桥有哪几个部件组成，分别有何作用?

2. 轴承采用压入配合法应注意哪些问题？怎样装配滚动轴承?

3. 齿轮传动机构的装配有哪些要求？怎样装配圆柱齿轮?

4. 装配前，清理和清洗零件的意义是什么？对零件的清理和清洗内容有哪些?

基础篇

课题三　典型拆装工具

【学习目标】

掌握典型拆装工具的类型、用途以及使用方法。

一、扳手类工具

1. 类型及用途

扳手的类型与用途见表 3-1。

表 3-1　扳手类型与用途

名　称	实　物　图	用　　途
双头呆扳手	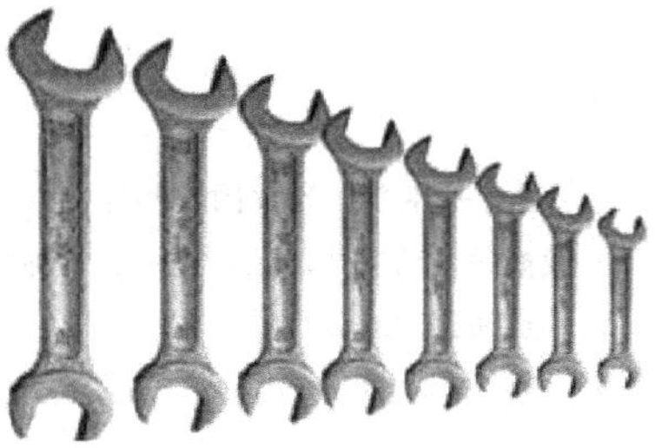	用于紧固或拆卸六角或方头螺栓、螺母，每把扳手可适应两种规格的螺栓或螺母
单头呆扳手		用于紧匝或拆卸固定规格的六角或方头螺栓、螺母
双头梅花扳手	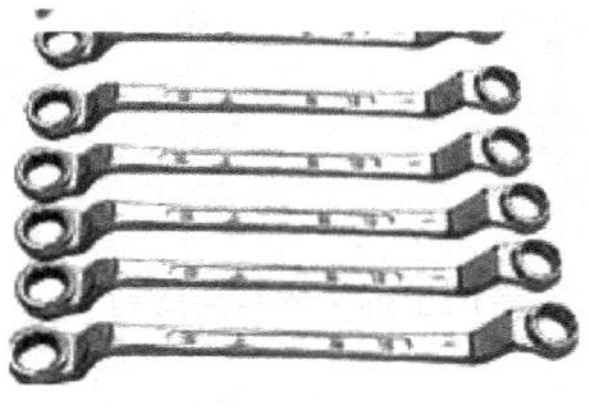	用于紧固或拆卸六角螺栓、螺母，每把扳手可适应两种规格的螺栓或螺母
单头梅花扳手		用于紧固或拆卸固定规格的六角螺栓或螺母

（续）

名称	实物图	用途
两用扳手	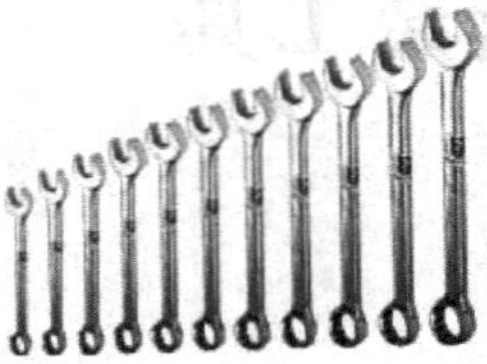	一端为呆扳手，另一端为梅花扳手，适合相同规格的螺栓或螺母
活扳手		开口宽度可调节，能紧固或松开一定尺寸范围内的六角或方头螺栓、螺钉或螺母
手动套筒扳手	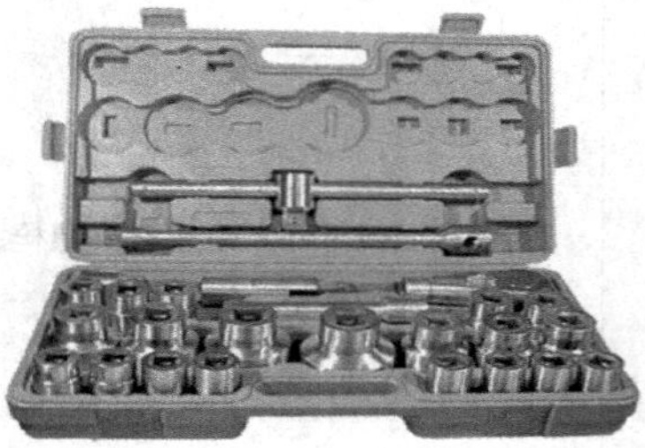	由各种套筒、传动附件和连接件组成，除具有一般扳手的功用外，尤其适用于各种特殊位置，如装卸空间狭窄或深凹的地方
扭力扳手	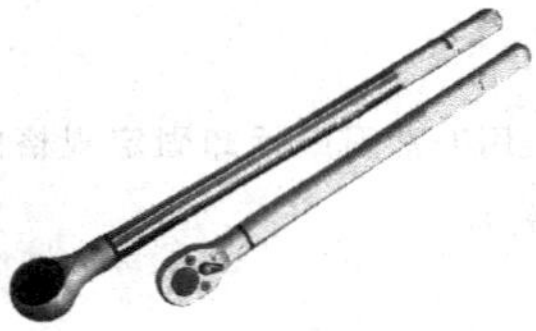	适用于对转矩大小有明确规定的装配工作，分为定值式、预置式两种
内六角扳手	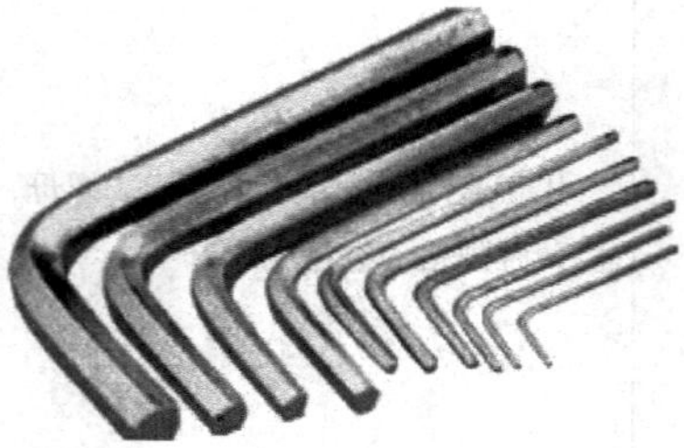	专用于拆装内六角螺钉
钩形扳手		专用于装拆车辆、机械设备上的圆螺母

2. 使用注意事项

1）扳手上施力的方向要与螺纹联接件的轴线垂直。

2）使用活扳手时，要注意扳手的用力方向，如图3-1所示。活扳手的头部略微弯曲，开口两侧一长一短，其工作原理类似人的拇指和食指。活扳手的扳口夹持螺母时，呆扳唇在上，活扳唇在下。活扳手不得反过来使用，如果方向相反，不但可能把螺栓头拧坏，而且可能拧坏活扳手的扳口。扳动小螺母时，因需要不断地转动蜗轮，调节扳口的大小，所以手应握在靠近呆扳唇，并用大拇指调拨蜗轮，以适应螺母的大小。使用时，手越靠后，扳动力矩越大，越省力。

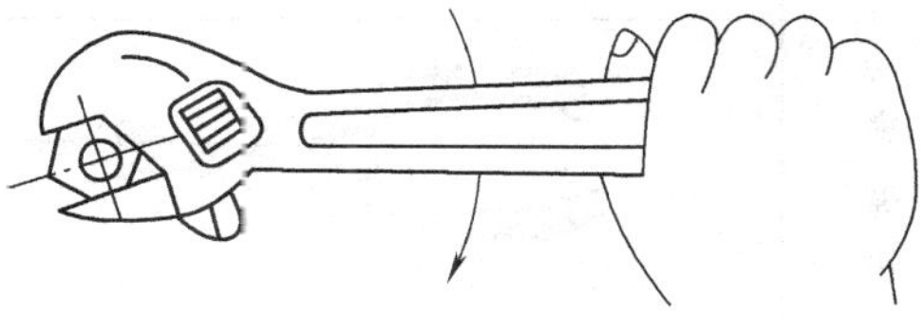

图3-1 活扳手的正确使用

3）使用梅花扳手时，把梅花扳手套到螺栓的六角头上，梅花扳手的6个面都同时受力，无论向哪个方向拧动都不会出问题。梅花扳手坚固，力矩大。因梅花扳手的手柄长度限制而无法扳转的场合，可使用套筒扳手。

4）不能随意在扳手柄部装长套筒或用锤子敲击以增大旋转力矩，以防破坏螺纹联接件。

5）扭力扳手在使用过程中，达到设定值时，扳手会发出清脆的响声，此时应停止加力。

二、钳类工具

1. 钳的类型与用途

钳的类型与用途见表3-2。

表3-2 钳的类型与用途

名称	实物图	用途
钢丝钳		分绝缘柄和铁柄两种，用于夹持或弯折薄形片及切断金属丝
尖嘴钳	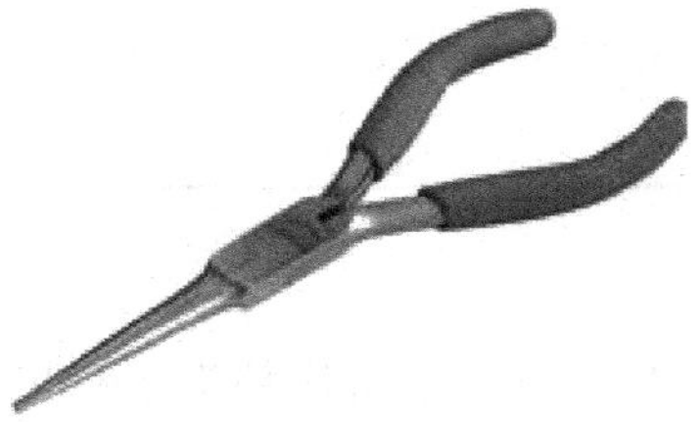	在较窄小的工作空间夹持工件，用于夹持小零件和扭转细金属丝，带刃口的尖嘴钳还能剪断细小零件

（续）

名 称	实 物 图	用 途
扁嘴钳		用于弯曲金属薄片及细金属丝，检修时用来装拔销、弹簧等，适于在狭窄或凹下的工作空间使用
鲤鱼钳	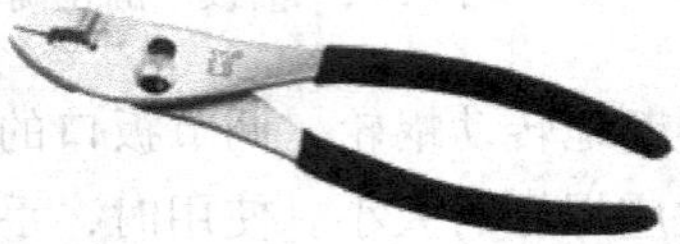	夹持及拉拔各种扁平或圆棒形的工件，带刃口处还能切断金属丝，也可代替扳手装拆螺栓、螺母
孔用弯嘴式挡圈钳	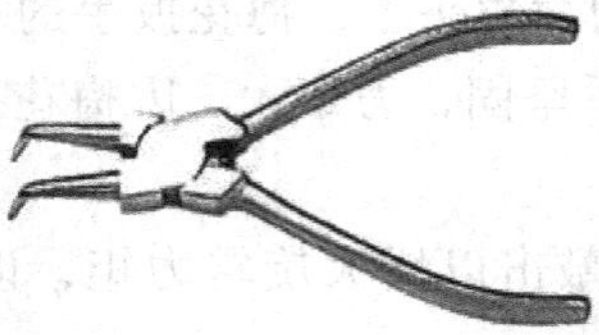	专用于拆装孔用弹性挡圈
孔用直嘴式挡圈钳	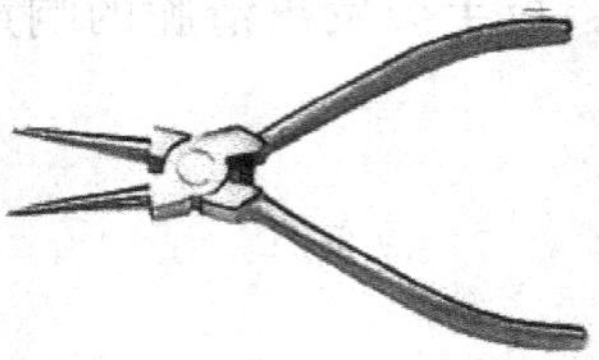	专用于拆装孔用弹性挡圈
轴用弯嘴式挡圈钳	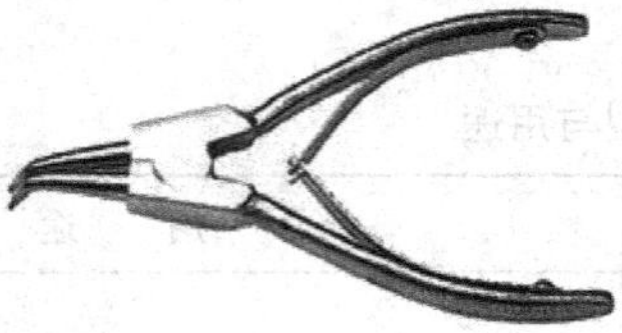	专用于拆装轴用弹性挡圈
轴用直嘴式挡圈钳	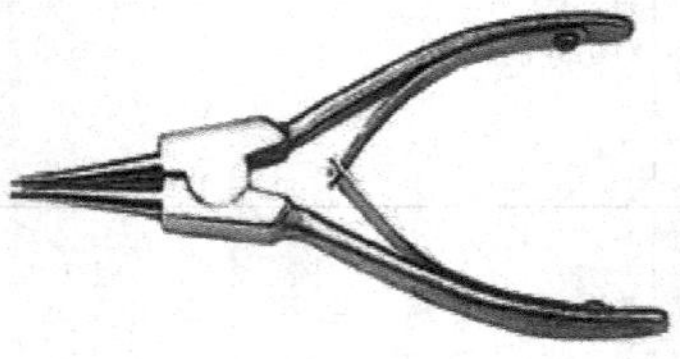	专用于拆装轴用弹性挡圈

2. 使用注意事项

1）夹持工件用力得当，防止变形或表面夹毛。切忌用钳代替扳手松紧 M5 以上螺纹联接件，以免损坏螺母或螺栓。

2）用挡圈钳时要防止弹性挡圈弹出伤人。

3）不能当作锤子或其他工具使用。

三、螺钉旋具

1. 螺钉旋具的类型与用途

螺钉旋具又称起子、螺丝刀或改锥，其类型与用途见表3-3。

表3-3 螺钉旋具类型与用途

类 型	实 物 图	用 途
一字螺钉旋具		用于紧固或拆卸一字槽螺钉，穿心式能承受较大的转矩，并可在尾部敲击；方形旋杆能用扳手夹住旋转，以增大转矩
十字螺钉旋具	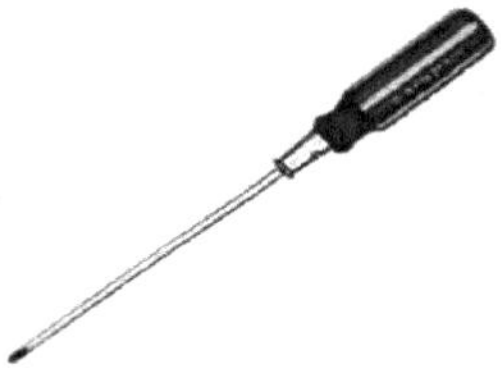	用于紧固或拆卸十字槽螺钉，穿心式能承受较大的转矩，并可在尾部敲击；方形旋杆能用扳手夹住旋转，以增大转矩
一字夹柄旋具		用于紧固或拆卸一字槽螺钉，并可在尾部敲击，比一般螺钉旋具经久耐用，但禁止用于有电场合

2. 使用注意事项

1）旋具的工作部分必须与槽形、槽口相配，防止破坏槽口。施加力偶时，旋具与螺钉轴线尽可能重合。如果旋具头部和螺钉头部形状不一样，或偏斜着去拧螺钉，很容易把螺钉头部拧坏。

2）普通型旋具端部不能用锤子敲击，更不能把旋具当錾子、撬杠等其他工具使用。

四、锤子

1. 锤子的类型及用途

锤子又称手锤、榔头，其类型及用途见表3-4。

2. 使用注意事项

1）一般不能用锤子直接敲击工件。

2）使用时，要仔细检查锤头和锤柄是否楔塞牢固，握锤应握住锤柄后部，挥动时注意安全。

表 3-4　锤子的类型及用途

类　型	实　物　图	用　　途
圆头锤	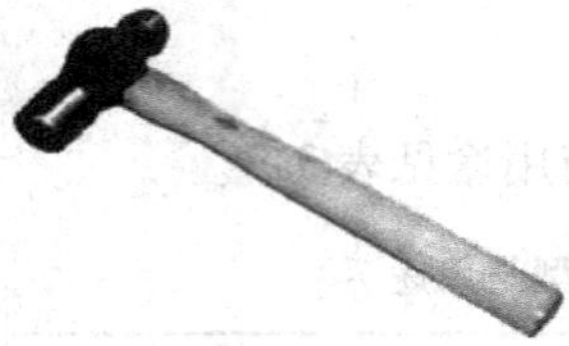	又称钳工锤，用于手工施加敲击力
鸭嘴锤		适用于金属薄板、皮制品的敲平及翻边等

五、台虎钳

1. 类型及用途

台虎钳安装在工作台上，用于夹持工件，以便钳工操作。台虎钳分为固定式和活动式两种，每种又可分为无砧和带砧两种，如图 3-2 所示。

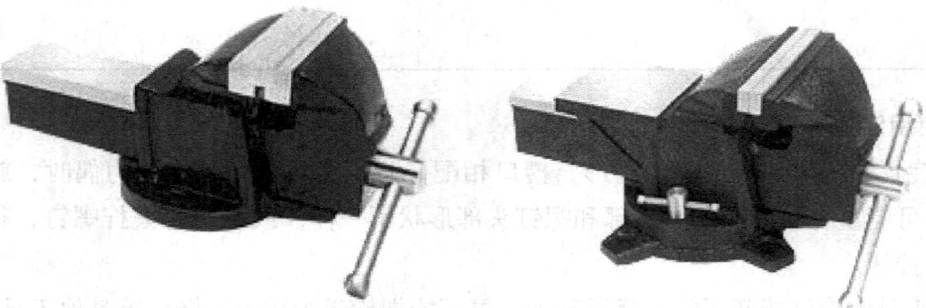

a)　　　　b)

图 3-2　台虎钳

a）固定无砧式台虎钳　b）活动带砧式台虎钳

2. 使用注意事项

1）必要时，钳口装铜片或其他软金属垫，避免夹坏工件表面。

2）夹紧力要合适，不能用套筒或锤子敲击以加大夹紧力。

3）钳工操作时，不可敲击、锯、锉钳口。

六、顶拔器

顶拔器常用于拆卸安装在轴端且配合较紧的零件，如带轮、齿轮和滚动轴承等，分机械顶拔器和液压顶拔器两种，每种又可分二爪顶拔器和三爪顶拔器等，如图 3-3 所示。

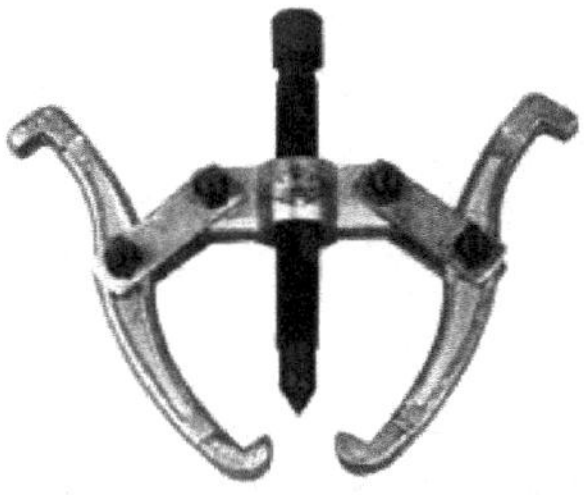

a)

b)

图 3-3　顶拔器

a）二爪机械顶拔器　b）三爪机械顶拔器

七、单柱校正、压装液压机

1. 类型及用途

单柱校正、压装液压机如图 3-4 所示，它常用于压装与轴或轴承座配合较紧的零件，如滚动轴承和齿轮等。

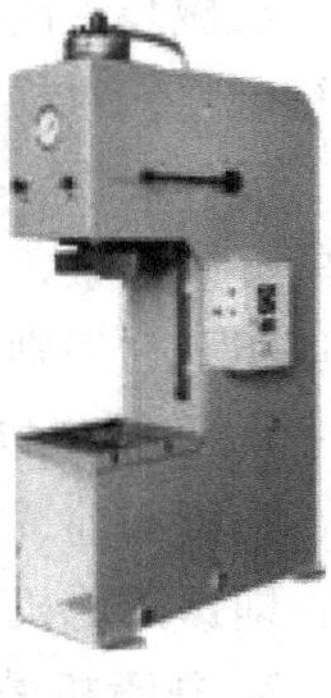

图 3-4　单柱校正、压装液压机

2. 使用注意事项

1）液压储油箱的油量应充足。

2）清除压头行程空间的杂物。

3）空运转 3 ~ 5min，正常后方可工作。

4）校正或压制工件时，应将工件置于压头的中心位置进行，不准偏压。压头要慢慢接近工件，防止工件受力迸出。

5）当操纵阀或安全阀失灵时，不准继续工作。

6）除节流阀外其他液压阀门不准擅自调整。

课题四　机械装置的拆卸

【学习目标】

1. 掌握机械装置拆卸方案的拟订方法。
2. 掌握典型零件的拆卸方法。
3. 了解清洗、检查步骤。

机械装置拆卸的目的是为了对装置进行维修、检查、保养、清洗和回收。由于拆卸对机械装置的工作精度、使用功能、噪声、振动等方面有很大的影响，因此，科学、合理的拆卸过程，对机械装置再装配具有很重要的现实意义。

4-1　机械装置拆卸的一般要求

机械装置的拆卸工作是为了进一步了解、检查机械设备内部的工作情况，对运动部件进行调整，对损坏的零件进行修理或更换。如果拆卸方法不当，或拆卸程序不正确，将使零、部件受损，甚至无法修复。因此，为保证拆卸质量，在拆卸机械设备前，必须制订合理的拆卸方案，对可能遇到的问题进行预测，做到有步骤地进行拆卸。机械装置的拆卸一般遵照下列规则和要求：

1. 遵循“恢复原机”的原则

在拆卸前，应测试机械装置的主要参数，为再装配后提供依据，确保性能与原机相同，即保证原机的完整性、准确性和密封性等。

2. 熟悉机械装置的构造和工作原理

机械设备种类繁多、构造各异，拆卸前，应了解该装置的结构、工作原理和性能。对不清楚的结构，应查阅有关图样资料，熟悉装配关系、配合性质，尤其是紧固件位置、固接方法等。否则，要一边分析判断，一边试拆。若遇到难拆零件还需要设计相应的拆卸夹具。

3. 以部件总成为单元进行拆卸

机械装置的拆卸要按顺序进行，不要盲目乱拆。拆卸顺序与装配顺序相反，一般是先总成后部件再分解成组件、零件，由外向里逐级拆卸，边拆边查。拆卸的零件要放在固定盘中或平台上防止散失。为了减少拆卸工作量和避免破坏配合性质，对于进行过特殊校准或拆卸后会影响精度的部件，一般不拆卸。

4. 使用正确的拆卸方法

1）选择清洁、方便作业的场地。

2）拆卸前，应先切断电源，放出机械装置内的冷却液和润滑油。

3）根据零、部件联接形式和零件规格尺寸，选用合适的拆卸工具和设备。使用起重设备搬运较重零部件时注意起重设备的起吊和运行安全，放下时要用木块垫平，以防倾倒。严禁猛敲狠打零件的表面，若需敲击时，应使用胶锤、木锤、铅锤、铜锤等。使用锤子、大锤时要加垫。打击前必须先弄清拆出方向和松脱其他紧固件。

4）对不可拆联接或拆后降低精度的结合件，若必须拆卸时，要注意保护精度高、材料贵、结构复杂、生产周期长的零件。不要用零件高精度重要表面做放置的支承面，以免损伤；必须使用时，应垫好橡胶板或软布。若联接件极难拆卸或已锈死，则可破坏次要的配对件。

5）采取必要的支承和起重措施，能升降的零部件要降至合适的位置，严防倒覆和掉落。

5. 记录拆卸过程

1）为了保证零件之间相互配合关系的正确性，便于清洗、装配和调整，对精密或结构复杂的部件，在拆卸前画出装配草图或示意图。重要油路、精密部件，尤其是采用误差抵消法装配或经过平衡试验的部件，拆卸时应做好标记，按部件放置。装配时，方向、位置均要对号入座，以免搞错，以及浪费找正、调整和反复拆装的时间，如精密主轴、磨头等均为定向装配。

2）拆卸的零件应分类存放，同一总成内的零件应存放在一起，并根据零件的大小、精粗程度分类，以免混杂或损伤。

3）零件拆卸后要彻底清洗，非修换件要经修整、分箱保管并涂油防锈，避免丢失和破坏。

4）高精度零部件要涂防锈油并用油纸包装好，妥善保管。

5）轴类配合件要按原顺序装回轴上，细长零件，如丝杠、光杠等要悬挂起来或多支点支承，以防变形。

6）细小零件，如垫圈、螺母、特殊元件等，应放在专门容器内，用铁丝串起来，装配在一起或装在主体零件上，以防丢失。特别注意防止滚珠、键、销等小零件的丢失。

7）液压元件、润滑油路孔或其他清洁度要求较高的零件孔或内腔，要采取妥善堵塞保护措施，以防止污染或进入尘屑不易清除。

8）对不互换的零件要成组存放或打标记。

在机械装置拆卸前，一般要针对机械装置的传动特点拟订拆卸全过程，具体流程包括拆卸前的准备、拆卸、标识与测绘准备及后期处理等环节，如图 4-1 所示。

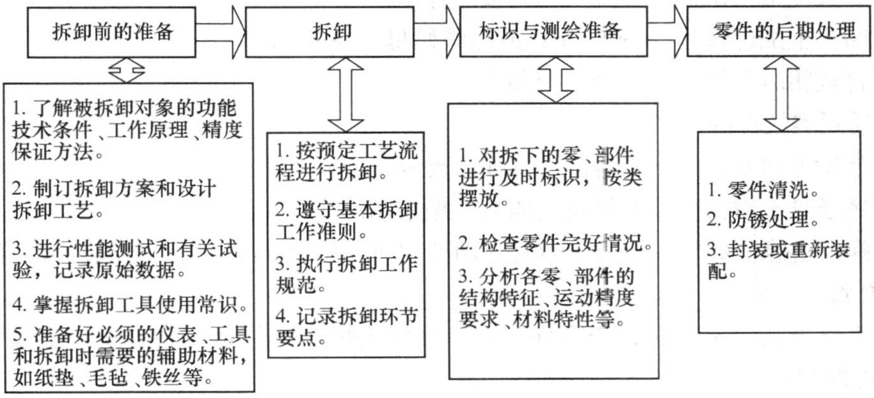

图 4-1　机械装置拆卸流程

4-2 典型零件的拆卸方法

一、螺纹联接的拆卸

螺纹联接具有结构简单、便于调节和多次拆卸装配等优点，其拆卸比较容易，但也往往因重视不够、工具选用不当、拆卸方法不正确等而造成螺纹的损坏。

1. 螺纹联接的一般拆卸方法

首先认清螺纹的旋向，选用合适的工具，用力要均匀。拆卸一般螺纹联接不宜使用加长杆，只有受力大的特殊螺纹件，使用专门锻造扳手，允许使用加长杆。为减轻劳动强度、提高工作效率，应尽量采用机动扳手。双头螺栓可用双螺母拆卸，也可用专门扳手拆卸。

2. 特殊情况螺纹联接件的拆卸

（1）断头螺钉的拆卸

1）断头螺钉断在机体表面及以下时。

① 在螺钉上钻孔，打入多角淬火钢杆，再把螺钉旋出，如图 4-2a 所示。

② 在断头端中心钻孔，攻反向螺纹，旋入反向螺钉旋出，如图 4-2b 所示。

③ 在螺钉上钻孔（直径相当于螺纹小径），用同规格丝锥攻；钻孔相当于螺纹大径，攻大一级直径的螺纹。

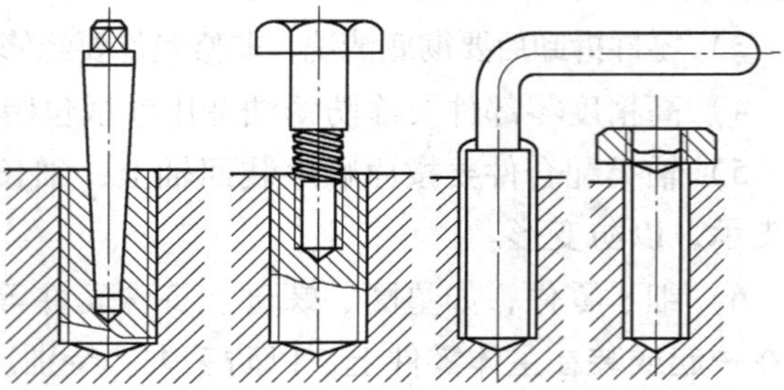

图 4-2 断头螺钉的拆卸

a）在螺钉上钻孔 b）在断头端中心钻孔

c）在断头上焊弯杆 d）在断头上焊螺母

2）断头螺钉露在机体表面外一部分时。

① 在断头锯出沟槽，用螺钉旋具旋出。

② 在断头上加工出偏头或方头，用扳手拧出。

③ 在断头上加焊弯杆（图 4-2c）或加焊螺母（图 4-2d）。

④ 螺钉较粗时，可用扁铲沿圆周踢出。

（2）锈死螺纹件的拆卸

① 向旋紧方向旋动一下，再旋松，如此反复，逐步旋出。

② 用锤子敲击螺钉头、螺母及其四周，振松锈层，然后旋出。

③ 在螺纹边缘浇些煤油或放上蘸有煤油的棉丝，浸 20min 左右，当煤油渗入而软化锈层后，再拆卸。

④ 当上述方法不奏效时，若零件允许，可用火焰加热包容件的方法，使其膨胀，锈层变软后再拆卸。

⑤ 用铲、锯、钻等方法破坏螺纹件再拆卸。

3. 成组螺纹联接件的拆卸

1）拆卸顺序与装配时的旋紧顺序相反，一般为先四周后中间，对角线方向轮换，如图4-3所示。先将其旋松少许或半周，然后再按顺序旋下，以免应力集中到最后的螺钉或螺栓上，损坏零件或使结合件变形，造成难以拆卸的困难。

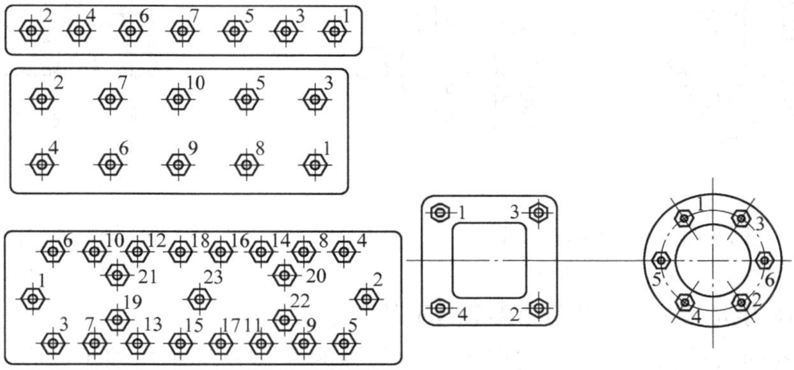

图4-3　成组螺纹联接件的拆卸顺序

2）悬臂部件、容易倒覆掉落的联接部件的联接螺钉、螺栓组，应采取垫稳或起重措施，按先易后难的顺序，留下最上部一个或两个螺纹件，最后吊离时拆下，以免造成事故或损伤零部件。

3）对在外部不易观察到的或被腻子和油漆覆盖的螺纹件，应仔细检查。

二、过盈连接件的拆卸

拆卸过盈配合件，应视零件配合尺寸和过盈量大小，选择合适的拆卸方法和工具、设备。过盈量较小的可用顶拔器，如图4-4所示。

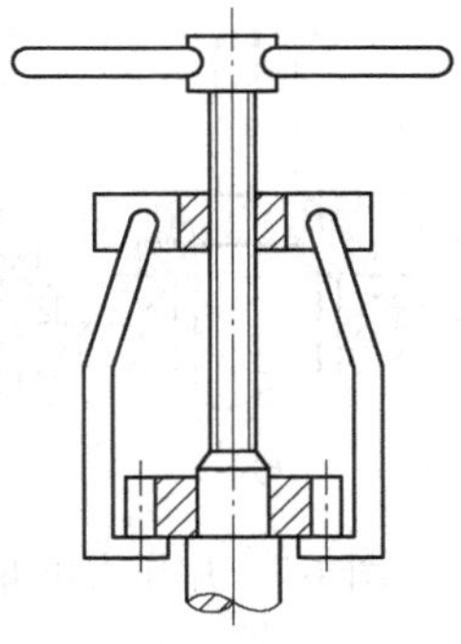

图4-4　用顶拔器拆卸

视松紧程度由松至紧，依次可选择锤子加垫、螺旋工具、手动压力机、机械式压力机、油压机、水压机等进行拆卸。过盈过大时或为了保护配合面，采用加热包容件或冷却被包容件，再迅速压出。

拆卸过盈配合件应注意下列几点：

1）要检查有无销钉、螺钉等附加固定件。

2）打击或压出时，加力部位要正确，受力要尽量均匀并使相对运动速度不过大，合力作用线应尽量位于轴线或受力面的中心或附近。只能打击一侧时，要转换位置，以免倾斜卡住。

3）拆卸方向要正确，特别是带台阶或有锥度的过盈配合件的拆卸。

三、滚动轴承的拆卸

滚动轴承的拆卸除遵循过盈连接件拆卸的要点外，还应注意下列问题：

1）拆卸轴上的滚动轴承时，尽量不要将顶拔器的作用力施加到滚动体上，如图4-5所示。

2）拆卸位于轴端的轴承时，两侧均要垫好再用锤子敲击，如图4-6所示。

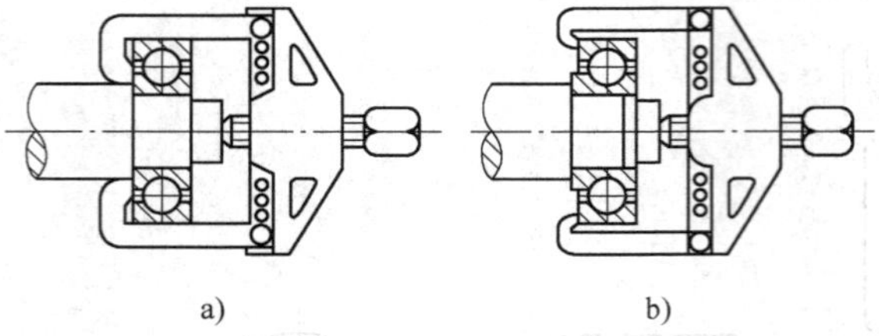

图 4-5　拆卸轴承着力点

a）正确　b）错误

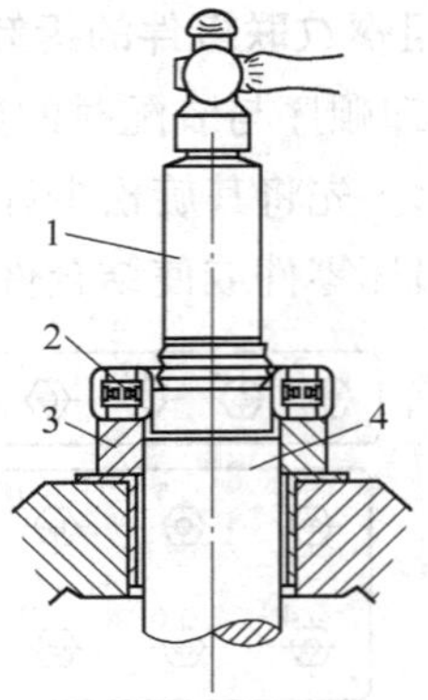

图 4-6　轴端轴承拆卸

1—铜棒　2—轴承　3—垫块　4—轴

3）若用压力机拆卸时，可用图 4-7 所示的方法。

4）拆卸孔内滚动轴承。一般情况下轴承与轴的配合较紧而与轴承座孔的配合较松，但有时会出现轴承与轴承座孔为紧配合的情况。拆卸孔内滚动轴承可采用拉拔法和内胀紧法。图 4-8 所示是拉拔法拆卸箱体孔内轴承时使用的工具。图 4-8 中圆柱销 1 和圆柱销 6 可从孔内伸出和退缩，使用时，先将其放进轴承孔内，然后拧动螺杆，使螺杆左面的尖端将圆柱销 1 和圆柱销 6 顶出，并使两个圆销伸出轴承外并勾住轴承，在孔外放好横杠的位置，拧动螺母，即可将滚动轴承拉出。

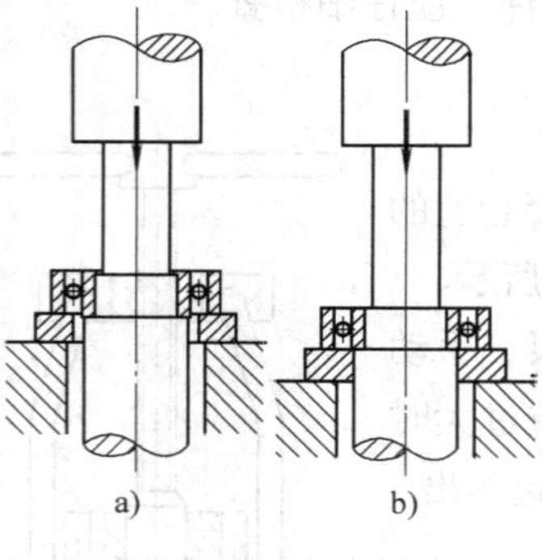

图 4-7　用压力机拆卸的方法

a）不正确　b）正确

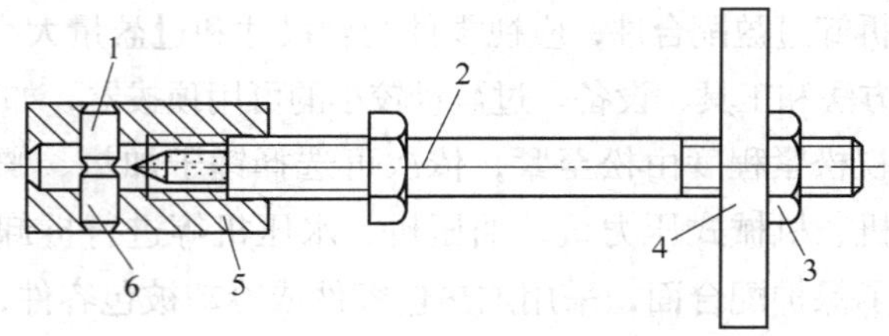

图 4-8　拉拔孔内轴承工具

1、6—圆柱销　2—螺杆　3—螺母　4—横杠　5—本体

图 4-9 所示是拉拔不通孔内滚动轴承的情况，胀紧套筒 3 上有 3 ~ 4 条开口槽，经热处理淬硬后具有一定的弹性。胀紧套筒 3 和衬套 5 在心轴 4 上，一起放进轴承孔内（超出轴承内侧端面），旋转螺母 6，使胀紧套筒胀紧轴承，然后将等高垫块 9、10 垫在工件 1 上，放好横板 8，当旋转螺母 7，轴承即能拆卸下来。

四、圆柱销和圆锥销的拆卸

1. 拆卸通孔中的圆柱销、圆锥销

如图 4-10a 所示，在机件下面放上带孔的垫块，使用锤子敲击圆棒 3，即可将圆柱销

1 由机件中敲出。图 4-10b 中，将机件放在 V 形支承或槽铁之类支承上面使用锤子敲击圆锥销的小端，将圆锥销由机件中敲出。

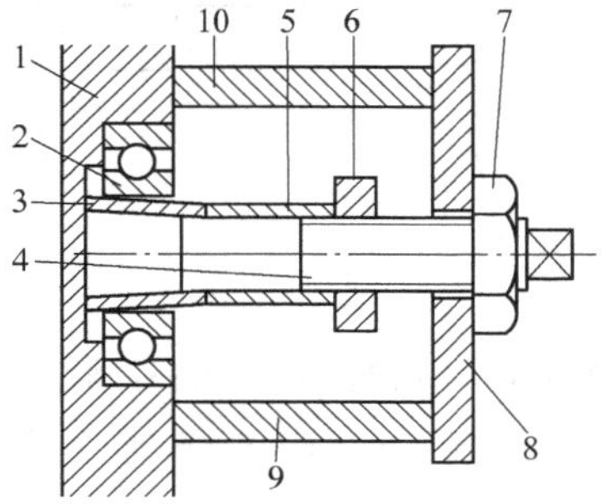

图 4-9　拆卸不通孔内轴承

1—工件　2—轴承　3—胀紧套筒　4—心轴　5—衬套　6、7—螺母　8—横板　9、10—垫块

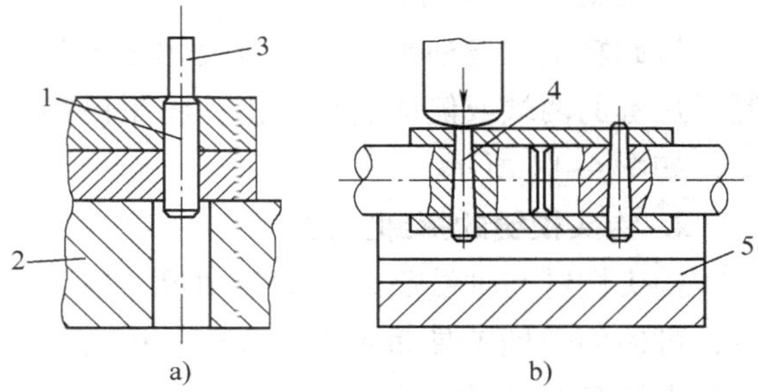

图 4-10　用锤子拆圆销

a）拆圆柱销　b）拆圆锥销

1、4—圆柱销　2—垫块　3—圆棒　5—V 形支承

2. 拆卸带螺尾的圆锥销

拆卸带螺尾的圆锥销时，可旋上一个与螺尾相同的螺母（图 4-11a），旋紧螺母将圆锥销卸出。若圆锥销已伸出端面，可垫上一个钢圈，旋紧螺母（图 4-11b），将其退出。

3. 拆卸带内螺纹的圆柱销或圆锥销

拆卸带内螺纹的圆柱销或圆锥销时，可用拔销器拔出，也可将一个与内螺纹相同的螺钉，旋入圆柱销或圆锥销的螺孔内，并垫上支承铁，旋紧螺母，将圆柱销或圆锥销卸出，如图 4-12 所示。

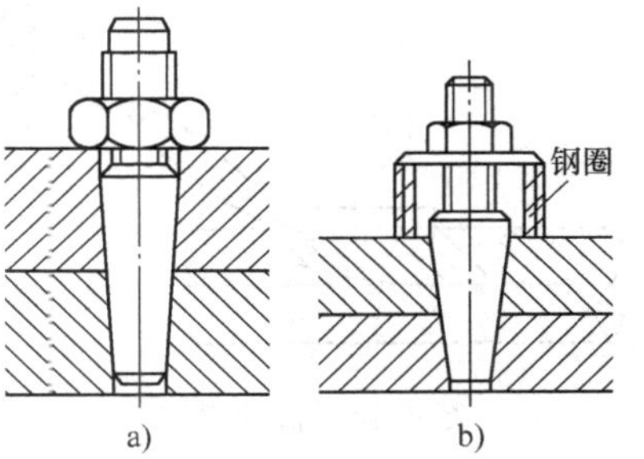

图 4-11　拆卸带螺尾圆锥销

a）圆锥销未伸出端面　b）圆锥销伸出端面

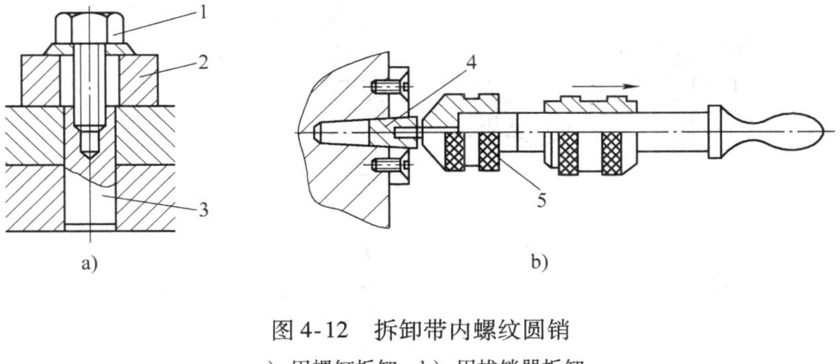

图 4-12　拆卸带内螺纹圆销

a）用螺钉拆卸　b）用拔销器拆卸

1—螺钉　2—支承块　3—圆柱销　4—圆锥销　5—拔销器

当圆柱销伸出端面较长，拆卸时可做一套拉具，如图 4-13 所示，使用时，旋紧螺钉，通过夹板将圆柱销夹牢固，用锤子敲击锤击杆，将圆柱销退出。

五、键的拆卸

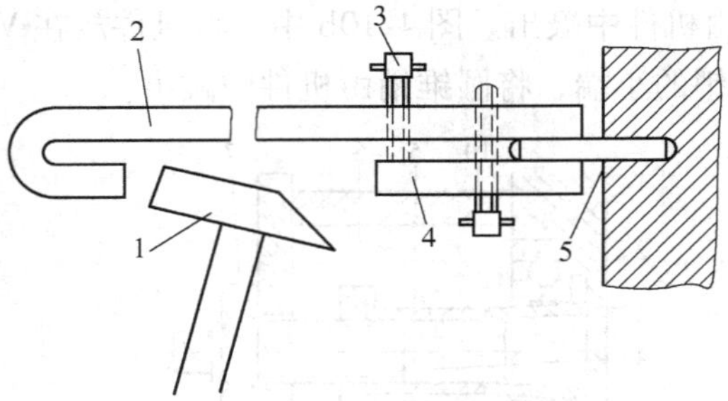

图 4-13　使用拉具拆卸圆柱销

1—锤子　2—锤击杆　3—螺钉　4—夹板　5—圆柱销

1. 普通平键的拆卸方法

拆卸轴上的普通平键时，可使用锤子和錾子从键的两端或侧面进行敲击，将平键卸下，如图 4-14 所示。

2. 钩头楔键的拆卸方法

钩头楔键与轴端面之间的空间尺寸较大时，可使用带柄工具插入钩头键内，用力将钩头楔键顶拔出来，如图 4-15 所示。也可使用拆卸钩头键专用工具。使用图 4-16a 所示工具时，交替旋转螺杆和螺钉，将钩头楔键拆卸下来。使用图 4-16b 所示的工具时，先使手柄左端抵住齿轮轮毂，螺杆的一端钩住钩头楔键键尾，然后旋转螺母，螺杆便拉着钩头楔键移动，这样就可将钩头楔键拔出来。

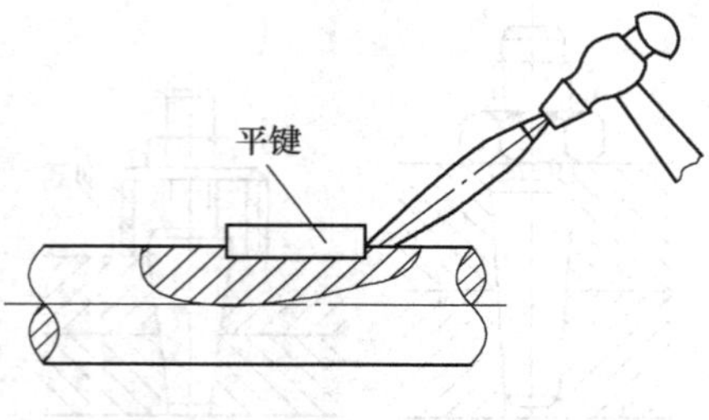

图 4-14　拆卸平键

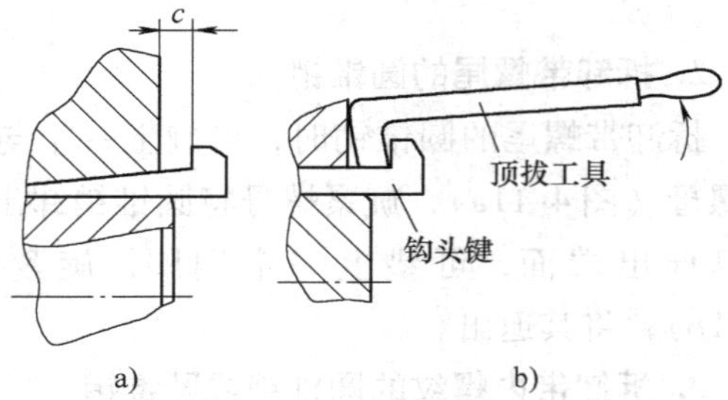

图 4-15　使用顶拔工具拆卸钩头楔键

a）钩头楔键与轴端尺寸较大　b）顶拔工具拆钩头楔键

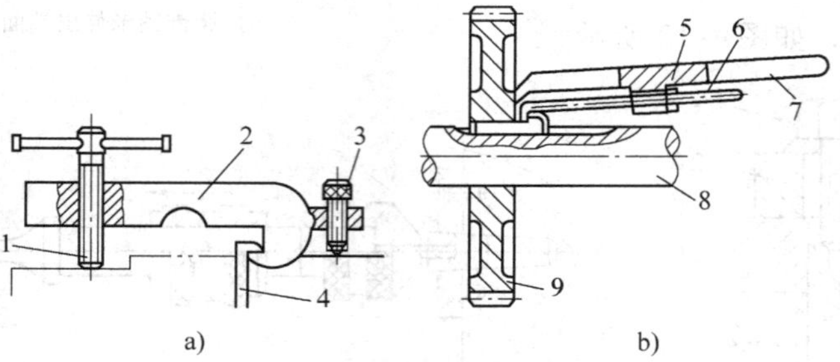

图 4-16　拔钩头楔键工具

1—螺杆　2—工具体　3—螺钉　4—钩头键　5—钩头键螺母　6—螺杆

7—手柄　8—轴　9—齿轮

六、不可拆联接的拆卸

1. 焊接件的拆卸

拆卸时可用锯割，扁铲切割，用小钻头钻孔再铲或锯，用氧炔焰气割等方式拆卸焊接件等。

2. 铆接件的拆卸

拆卸时铲掉或锯掉、气割铆钉头，用钻头钻掉铆钉等方式拆卸铆接件。

4-3 清洗与检查

拆卸后对机械零件进行清洗和检查是非常重要的工作。清洗的质量对机械零件的修复、装配质量、机械装置使用寿命均有直接的影响。通过对零件的检查，可以确定零件的完好情况，判别零件的技术状态、损坏原因等，为进一步维修、改进及创新设计创造条件。

一、零件的清洗

零件的清洗是指采取一定技术措施除去零件表面呈机械附着状态污染物的工艺过程。根据不同的需要，零件清洗包括清除油污、水垢、积炭、锈层、旧漆层等。机械设备修理中常见的清洗工作是除油污、除锈和除漆层。

1. 除油污

在设备维修时，进行机械装置拆卸后和装配前，对旧件和新换零件均要清除油污，并进行一定的修整工作，清除零件因使用和加工所造成的毛刺、飞边。例如，变速齿轮倒圆端的飞边修光，以便在滑移变速时容易滑入啮合；螺纹零件端部要注意检查，便于旋入螺纹孔中；轴端、孔口等位置的碰伤修复和毛刺修平，便于装配和正常相对运动等。箱体类零件内部清洗干净后，还要涂上防锈底漆，尤其对油标、油孔（注油孔、回油孔等）、油窗等均要彻底清洗。新换的零件、滚动轴承等上面防锈油及污染物均应彻底清洗干净。若清洗不干净，会引起零件过早磨损，轴承抱轴、导轨咬合等，引起设备精度过早丧失，不能正常运转，甚至试车时就造成严重故障和零件失效。

清除零件上的油污，通常采用清洗液，如有机溶剂、碱性溶液、化学清洗液等。清洗方法有擦洗、浸洗、喷洗、超声波清洗等，清洗方式有人工清洗和机械化清洗。机械化清洗中压力喷洗、超声波清洗多用于机械制造车间的生产线上，该类设备一般还有加热装置，结构上较复杂。

常用擦洗的方法，就是将零件放入装有清洗液的容器中，用毛刷刷洗，或棉纱擦洗，这种方法设备简单、操作方便。

一般机械零件的清洗可使用煤油和轻柴油，因用其清洗后，零件不易生锈，故俗称它们为洗油，洗涤效果能够满足一般要求。也可选用化学清洗液，这种清洗液可以配制，也可以买到商品化的制剂，如 664-1 金属清洗剂、F85-2 常温防锈清洗剂、CX868 金属洗涤剂等。用化学剂可节约石油资源，价格便宜。用化学剂清洗后一般需用温水洗净并涂油防锈，有的洗剂对非铁金属有腐蚀作用，选用时不要忽略。碱性溶液适于清洗动、植物油污。矿物油不溶于碱液，因此，清洗矿物油污时需加入乳化剂，使油脂形成乳浊液脱离零件表面。汽油或含有添加剂的汽油洗涤效果好，溶解性强，挥发性强，可很快去除较牢固油渍，洗后表面很干净，但会很快生锈，因此要及时涂防锈油。汽油具有很强的“溶脂性”，渗入人的皮肤，可破坏皮下组织致人以疾病、尤其是含铅汽油更具毒害。另外，汽油还极易燃烧，而且边燃边爆，尤其是高号汽油挥发性极强，与空气混合达到一定浓度时会发生爆炸，应尽量不使用汽油作清洗剂。

2. 清除锈蚀层

在机械拆装中，为保证检验和装配质量，必须彻底清除零件表面的腐蚀物，即锈蚀层。根据具体情况，可采用机械、化学和电化学等方法进行。

（1）机械法除锈　机械法除锈是指利用机械摩擦、切削等方法清除零件表面锈层。常用的方法有刷、磨、抛光、喷砂等。单件小批生产或修理中可由人工打磨锈蚀表面；成批生产或有条件的场合，可采用机器除锈，如电动磨光、抛光、滚光等。喷砂法除锈是利用压缩空气，把一定粒度的砂子通过喷枪喷在零件锈蚀表面上，不仅除锈快，还可为油漆、喷涂、电镀等后续工艺做好表面处理的准备，经喷砂处理的表面具有一定表面粗糙度的要求，从而提高覆盖层与零件的结合力。

（2）化学法除锈　化学法除锈是指用酸性溶液溶解金属表面的氧化物，以达除锈目的。目前使用的化学溶液主要是硫酸、盐酸、磷酸或它们的混合溶液，并加入一定量的缓蚀剂，其作用是使钢铁零件本身与酸性溶液继续作用，但可以防止因氧的析出而降低金属的韧性、延伸性及塑性。所加的缓蚀剂有若丁、食盐、乌洛托品、石油、黄酸等，加入量一般在2%（体积分数）左右。

（3）电化学除锈　电化学除锈又称电解腐蚀。此方法可节约化学药品，除锈质量好、效率高，但耗能大且设备复杂。常用的方法有阳极腐蚀（把锈蚀件作为阳极）和阴极腐蚀（把锈蚀件作为阴极，用铅或铅锑合金作阳极）。阳极腐蚀的主要缺点是当电流密度过高时，易腐蚀过度，破坏零件表面，故适用于简单的零件；阴极腐蚀无过蚀问题，但氢易浸入金属中，产生氢脆，降低零件塑性。实际使用中，可根据锈蚀件的具体情况确定合适的除锈方法。此外，在生产中还可采用由多种材料配制的除锈液。

3. 清除油漆涂层

清除零件表面的保护漆层，可根据漆层的损坏程度和保护涂层的要求，进行全部或部分清除。漆层清除后，要冲洗干净，准备再喷刷新漆。

清除方法一般是采用手工工具，如刮刀、砂纸、钢丝刷或手提式电动工具、手提式风动工具等，进行刮、磨、刷。有条件可采用化学方法，即用各种配制好的有机溶剂、碱性溶液退漆剂等。用退漆剂涂刷漆层，使之溶解软化，再借助手工工具去除漆层。

使用有机溶液退漆时，特别注意工作地要通风、与火隔离，操作者要穿戴防护用具。工作后，将手洗净，以防中毒。使用碱性退漆剂时，不要与铝制、皮革、橡胶、毡质零件接触，以防腐蚀，操作者要戴耐碱手套，避免退漆剂与皮肤接触。

二、零件的检查

1. 零件检查内容与目的

为了保证设备的维修质量、修理进度，减少返工频率及工时，在拆卸过程中，对零、部件要进行完好程度等方面的检查。检查工作应贯穿拆卸的全过程。

设备拆卸后，要对零件进行清洗，然后对零件进行检查鉴定，进一步确定需要修换的零件。对于修前预检项目，要提出明细表，并对其进行修正和补充，确定“修换件明细表”，制订需要修复零件的修复工艺，对需要制造的更换件进行结构尺寸测绘和图样核对工作。

1）装配前，对已修复的零件和需更换的新零件进行质量检查，只有当其达到应有的技术要求后，才可进行装配，以免反复拆装造成时间和材料的浪费。

2）装配中，无论是部件装配或总装配，其主要工序均要进行必要的精度检查，以免中间工序不合格，影响最终装配质量而造成返工。

3）装配后，进行试运转、调整、精度和性能检查，确认装配质量是否达到合格要求。合格后予以验收。

2. 检查方法

1）目测。目测即直接用眼睛或借助仪器（如放大镜等）间接用眼睛对零件表面进行宏观检查，检查其宏观变形和表面形态，如裂纹、断裂、疲劳剥落、磨损、刮伤、蚀损等。

2）耳听。耳听即通过机器运转发出的声音、敲击零件发出的声音来判断技术状态。该法检查的准确性完全依赖检查人员的实践经验。通过机器异常声音判断故障部位，通过哑声判断裂纹等。

3）测量。测量是指用相应测量工具和仪器对零件的尺寸、形状及相互位置精度进行检测。这是使用最多、最基本的检查方法。

4）测定。测定是指用专用仪器、设备对零件的力学性能，如应力、强度、硬度等进行检验。

5）试验。对不便检查的部位，通过测试方法来确定其状态，如水压试验、无损检测等试验。

6）分析。通过金相分析了解零件材料的微观组织；通过射线分析了解晶体结构；通过化学分析了解合金的成分及数量；通过火花鉴别一般常用钢材牌号（即用砂轮磨削零件发出火花的形式）等。

常用的拆卸检查明细卡，见表4-1。

表4-1　拆卸检查明细卡

<table>
<tr><td colspan="2">机械装置名称</td><td></td><td colspan="5" rowspan="2">年　月　日</td><td>拆卸地点</td><td></td></tr>
<tr><td colspan="2">机械装置编号</td><td></td><td>拆卸人员</td><td></td></tr>
<tr><td>编号</td><td colspan="2">零件名称</td><td colspan="2">情况描述</td><td>材料</td><td>数量</td><td>图样编号</td><td>相邻零件编号</td><td>附注</td></tr>
<tr><td>1</td><td colspan="2"></td><td></td><td></td><td></td><td></td><td></td><td></td><td></td></tr>
<tr><td>2</td><td colspan="2"></td><td></td><td></td><td></td><td></td><td></td><td></td><td></td></tr>
<tr><td>3</td><td colspan="2"></td><td></td><td></td><td></td><td></td><td></td><td></td><td></td></tr>
<tr><td>4</td><td colspan="2"></td><td></td><td></td><td></td><td></td><td></td><td></td><td></td></tr>
<tr><td>5</td><td colspan="2"></td><td></td><td></td><td></td><td></td><td></td><td></td><td></td></tr>
</table>

课题五　机械装置的测绘

【学习目标】

1. 了解机械装置测绘内容、测绘过程。

2. 掌握零件测绘方法、测绘数据处理方法、尺寸公差、形位公差、表面粗糙度、材料及热处理工艺等的确定。

5-1　机械装置测绘概述

测绘是一个认识实物和再现实物的过程，是先有实物而后有图样。机械装置测绘是以机械装置（机器或部件）为对象，通过测量和分析，确定出组成该装置中各零件的材料、几何尺寸和精度要求，并绘制出其制造所需的零件图（标准件除外）和装配图的过程。

一、机械装置测绘分类

根据测绘目的不同，可以分为反求设计、机修和仿制三类。

1. 反求设计

反求设计是指对已有的产品或有参考价值的设备进行解剖、测绘、分析、重构和再创造。反求设计可使产品研制周期缩短40%，提高生产率，达到吸收先进技术，促进科技成果进步，实现技术创新的目的。

2. 机修

当机器因零部件损坏不能正常工作，且无图样可查时，需对有关零部件进行测绘，以满足修配工作需要。

3. 仿制

当需要设计或制造机械装置，而又缺乏技术资料和图样时，通过测绘机器的零部件，得到生产所需的全部图样和有关技术资料，以便组织生产。

二、机械装置测绘内容

机械装置测绘的结果一般有零件草图、装配草图、零件工作图和装配图等，在实际测绘中根据测绘目的、测绘要求、测绘对象复杂程度等的不同，可灵活采用，以达到准确快速的目的。

机械装置测绘是一个复杂而又细致的工作，它不仅仅需要照机械装置的实样画出外形结构图，标出几何尺寸，还需要确定配合性质、材料种类、热处理工艺、表面处理和形位公差、表面粗糙度等各种技术要求。所以，必须要有扎实的基础知识、合理的工作步骤和方法，来具体指导测绘工作的进行，以保证高质量、高效率地完成测绘工作。

三、机械装置测绘过程

机械装置测绘一般分为六个阶段：

1）准备阶段，即全面细致地了解测绘对象和任务，做好各方面的准备。

2）拆卸阶段，即对测绘的样机、样件进行拆卸、测试、记录、分组。

3）绘制草图阶段，即绘制零件草图、装配草图，提出测量要求。

4）测量阶段，即按草图要求，测量尺寸和有关参数，确定零件材料，必要时可化验材料。

5）绘制工作图阶段，即根据草图及有关测量数据、化验报告等有关方面的资料，整理出整套产品图样（零件图、装配图等）。

6）复查阶段，即对图样进行全面审查，重点在标准化和主要技术条件，确保图样质量。

5-2 机械装置测绘的准备工作

一、技术准备

1. 资料的收集

收集测绘对象的产品（使用）说明书、产品样本、维修图册等原始资料，收集有关拆卸、测量、设计、制图、工艺等方面的资料、图册和标准。

2. 拆卸过程的策划

在熟悉测绘对象、分析有关资料的基础上，研究样机的拆卸路线，制订合理的拆卸计划。

3. 样机性能测试

拆卸前对实样进行性能测试并作记录，并以此作为产品设计、装配后检验的依据。测试完毕后应仔细分析测试结果，综合考虑判断其准确性、可靠性、完整性，直至确认较准确时为止。无法进行测试的，拆卸后参考其结构和功能，按自行设计来处理。

4. 绘制示意图

示意图应简明易懂，绘制简单迅速，它是测绘过程中极有用的辅助图样。一般示意图包括零件示意图、装配示意图、传动示意图、液压及气动系统示意图和电气设备原理示意图等。

5. 拟订拆卸前及拆卸中应测量和记录的原始数据

一般需要测量和记录的项目包括：①安装位置和角度；②装配间隙、运动间隙、各种跳动量；③可调零件的实际调节位置；④密封情况、漆封情况；⑤电路、管路系统有关参数；⑥预应力、接触应力；⑦夹紧力、锁紧力；③齿轮啮合深度、齿侧间隙；⑨其他。

原始数据应力求测试准确、完全、不遗漏，以免拆卸后丧失依据，影响装配质量。

二、物质准备

1. 测绘场地准备

测绘场地最好选择一个小封闭的环境，便于拆卸零件和工具的管理和安全。除绘图设备外，还应有测绘台。不能将样件直接放在绘图板上，以免污损图样和图板，或发生事故，损坏样件。

2. 图书资料、用具及设备

1）图书资料包括有关标准、手册等。

2）样件存放用具，机油（全损耗系统用油）、汽油、黄油、防锈剂等的存放用具。

3）幻灯、投影仪、计算机、照相机等光电辅助设备。

3. 测量器具及绘图工具

用于测量尺寸、形位误差及表面粗糙度的量具、量仪和测绘用的绘图用具。

4. 拆卸工具和起吊设备

用于拆卸的通用工具和专用工具，若样件较重还需要准备起吊设备。

5. 其他

其他常用物品，如零件号码牌、清理刷子、毛巾、回丝等。

5-3 零件测绘的方法

零件测绘方法分为传统测绘法、现代测绘法。传统测绘法是通过零件外形草图的手工绘制、材料分析、结构工艺分析等环节得到零件工作图、部件装配图的方法；现代测绘法则是依据实物外形、或照片，通过三坐标仪绘制、或数字建模等手段形成实物和零件的外形结构图，经过尺寸关系分析、材料分析、结构工艺分析等环节得到零件工作图、部件装配图的方法。现代测绘法也称反求技术，该方法主要针对具有复杂曲面的零、部件测绘。本书根据实训课程的需要，只重点介绍传统测绘方法。

机械装置是由若干个不同的部件及零件组装而成的，零件是组成机械装置的基本要素，即机械装置的最小制造单元。机械装置零件可以分为一般零件（如轴、盘、套、箱体、支架等）、传动件（如齿轮、带轮、链轮、蜗轮蜗杆等）、标准件（螺栓、螺母、垫圈、键、销、轴承等）。由于标准件的结构、尺寸、规格等全部是标准化的，并由专业厂家生产，因此测绘时对标准件不需要绘制草图，只要将它们的主要尺寸测量出来，查阅有关设计手册，确定它们的代号、规格、标注方法、材料等，然后填入装配图明细表中即可。

一、零件草图的绘制要求

零件草图一般是在测绘现场徒手绘制的零件图。草图的比例是凭肉眼判断，它只要求与被测零件各部分形状大体上符合，并不要求与被测零件保持某种严格的比例关系。

零件草图是绘制零件工作图的基本依据，因此，草图上零件的视图表达要完整，线型分明，尺寸标注要完整正确，配合公差、形位公差的选择要合理，并且在标题栏内需记录零件名称、材料、数量、图号、质量等内容。

由草图的要求可以看出，草图和工作图的要求完全相同，区别仅在于草图是以目测比例进行徒手绘制。草图并不是潦草的图样，在草图上线型之间的比例、尺寸标注和字体均应按机械制图国家标准规定执行。

二、零件草图的绘制技巧

零件草图的图线，基本上是徒手绘制的，也可借助圆规画圆，直尺画长线条。

1. 利用方格纸

零件草图的绘制一般是在没有齐全的绘图工具和不知道被测绘零件尺寸的情况下，在测绘现场进行，为了加快绘制草图的速度，提高图面质量，最好利用特制的方格纸。方格纸的规格一般为：线间距为5mm，幅面有420mm×300mm、600mm×420mm两种，如需更大的幅面时，可合并起来使用。利用方格纸上的图线绘制草图，不但画图的速度快而且效果好。当无方格纸时，可在厚一些的白纸上绘制草图。绘制草图时建议使用HB或B号铅笔。

2. 徒手画直线

最复杂的零件不外乎都由点、直线、圆和曲线组成，所以掌握好它们的画法才能绘制好草图。画短直线时摆动手腕，画长直线时摆动前肘。当要在两点之间引直线时，可以将图纸适当斜放，眼睛应看着终点，不要盯着笔尖或已画出的线段。

3. 徒手画圆

画圆时先画出中心线，以确定中心位置，然后在中心线上距圆心为半径长度处，截取四点，最后用光滑的圆弧连接四点成圆，如图5-1a所示。当半径较大时，可将圆分成更多等分，在过圆心的等分线上截取更多点，用光滑的圆弧连接成圆，如图5-1b所示。还可转动图纸画圆，如图5-1c所示。

4. 画曲线

画曲线亦可按照画圆的方法进行，即首先定出曲线上各点的坐标，再将各点连接成光滑的曲线。

三、零件草图的绘制步骤

1. 分析零件的结构工艺性、确定零件材料

测绘前，首先弄清楚被测绘零件在机器和部件中的安装部位、所起作用、与其他零件间的相互关系，再鉴别和确定零件的材料。仔细观察零件外形和所处结构位置，分析零件是由哪些基本几何体组成、零件与零件之间的运动关系，同时考虑零件的加工方法与装配工艺性。再根据零件的形状、功能确定零件的名称。

2. 画零件草图

1）选择视图以清楚、简单、完整为原则。视图选定后，要按图纸大小确定视图位置。草图应按比例绘制，以视图清晰、尺寸标注方便为准。

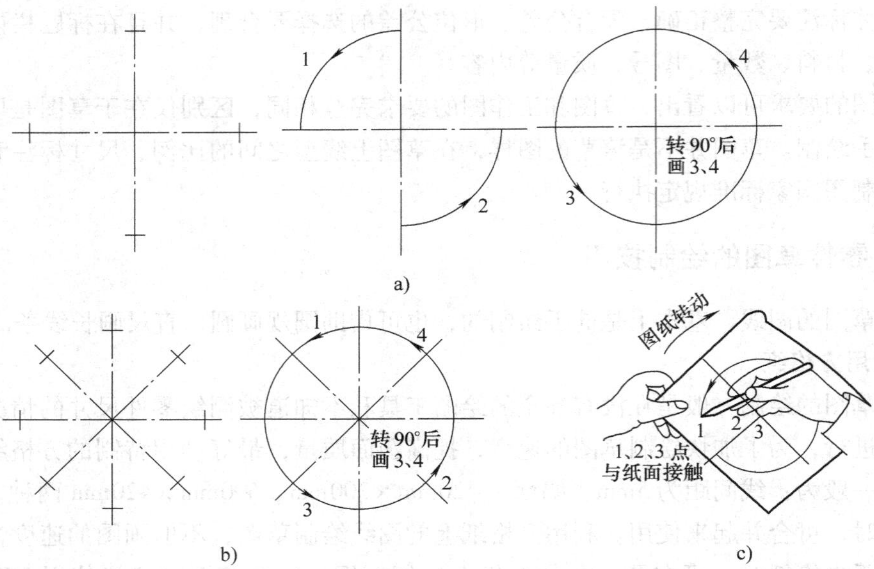

图 5-1 徒手画圆的画法

a）小圆的画法 b）大圆的画法 c）较大圆的画法

2）画出零件主要中心线、轴线、对称平面等基准线。

3）由粗到细、由主体到局部、由外到内逐步完成各视图的底稿。

4）按形体分析法、工艺分析法画出组成被测绘零件全部几何形体的定形、定位尺寸界线和尺寸线。尺寸线画完后对整体结构尺寸按照各相互关系仔细校对，检查有无遗漏和不合理的地方。

5）测量各部分尺寸，并将实测值标注到草图上。

6）确定各配合表面的配合公差、形位公差、各加工表面的粗糙度和零件的材料。

7）补齐剖面线，加粗轮廓线。

8）填写标题栏和技术要求。

四、绘制零件草图的注意事项

1. 优先测绘基础零件

机械装置拆卸后，按部件和组件拆卸顺序，逐一测绘零件，最好选择作为装配基础的零件优先测绘。装配基础件应优先精确测量，进行尺寸圆整、计算，并着手绘制零件工作图。这样不仅由于边测量、边计算、边绘图可以及时发现尺寸中的矛盾，而且能加速与基础件相关其他零件的测绘。

机器装配时常以基础件如底座、壳体、机箱等为核心，将相关的零件装于其上，所以，基础件一般都比较复杂，与其他零件相关的尺寸较多。对一些重要的轴类零件，如柴油机上的曲轴、凸轮轴和机床的主轴等，也可先行测绘。

2. 仔细分析零件

零件上一些细小结构，如孔口、轴端倒角、转角处的小圆角、沟槽、退刀槽、凸台和凹坑，以及不通孔前端的钻顶角等均不能忽略。对于机械设备上一些设计不合理和不实用之处，也只能在分析与了解原机械设备工作原理的基础上，在零件工作图上进行修改，而在画草图时应予以保留原结构。因此，画零件草图时必须严格忠于实样，不得随意更改，更不能凭主观猜测，特别要注意零件构造上的工艺特征。

3. 草图上允许标注封闭尺寸和重复尺寸

零件草图上的尺寸，有时也可注成封闭的尺寸链。允许草图上各个投影尺寸重复，对于复杂零件，以便于检查测量尺寸的准确性，可从不同基准面标注尺寸。

4. 作好工作记录

绘制测绘草图时，应当配备专门的工作记录本，在动手测绘之后，应特别注意记好实测工作摘要，如记录实测中必要的验证资料、各方面问题的处理过程、意见等，以及一时还很难具体确定的问题，实测中发现的新疑点，某些有疑问的结构等。

五、零件尺寸的测量

由实样到绘出全套图样的过程称为测绘，在这个过程中包括材料和配合等的确定、尺寸测量和绘图两项基本内容。零件尺寸测量准确与否，将直接影响零件测绘的效果，特别是对于某些关键零件的重要尺寸则更是如此。

1. 尺寸测量的要求

在测绘过程中，对零件的每个尺寸都要进行测量。一般情况下，关键件、基础件、大零件的全部尺寸，最好在计量室测量。形位公差原则上根据功用确定。一些非关键件的某些重要尺寸，以及齿轮、花键、螺纹、弹簧等的主要几何参数，可在现场测绘。非功能尺寸的测量，只需用普通量具测到小数点后一位即可。对于功能尺寸（包括性能尺寸、配合尺寸、装配定位等）及形位误差，则应测到小数点后三位或两位。

2. 测量注意事项

1）关键零件的尺寸和零件的重要尺寸应反复测量若干次，直到数据稳定可靠，然后记录其平均值或各次测得值，整体尺寸应直接测量，不能用中间尺寸迭加而得。

2）零件草图上一律标注实测数据。

3）要正确处理实测数据。在测量较大孔、轴、长度等尺寸时，必须考虑其几何形状误差的影响，应多测几个点，取其平均数。对于各点差异明显的，还应记下其最大、最小值，但必须分清这种差异是全面性的，还是局部性的。例如，圆柱面上很短圆周的凹凸现象、圆柱面端头的微小锥度等，只能记为局部差异。

4）对复杂零件，如叶片等，必须采用边测量、边画放大图的方法，以便及时发现问题。对配合面、型面，应随时考证数据的正确性。

5）应及时进行测量数据的整理工作，特别是间接测量的尺寸数据整理，并将换算结果记录在草图上。对于重要尺寸的测量数据，在整理过程中如有疑问或发现矛盾和遗漏，应立即提出重测或补测。

6）在零件测量时，应确保零件的自由状态，防止由于装夹或量具接触压力等造成的零件变形引起的测量误差。对组合前后形状有变化的零件，应掌握其前后的差异。

7）在测量过程中，对零件要加强保管，防止小零件丢失。在测量暂停和测量结束时，要注意零件的清洁和防锈。

8）若两零件在配合或连接处的形状结构完全一样，在测量时也必须各自测量，分别记录，然后相互检验确定尺寸，不能只测一个零件。

9）测量工具的选用、测量的准确程度应与该尺寸的精度要求相适应。对测量工具和仪器要注意保管和合理使用，以保持其精度。

10）测绘过程中，应重视原始数据的记录和草图的整理工作，以及建立各类技术资料档案的重要性。

5-4 尺寸圆整

由于零件制造中存在加工误差，测量时又有测量误差，按实样测出的尺寸往往不为整数。在绘制零件工作图时，把通过零件实测值推断原设计尺寸的过程称为尺寸圆整。它包括确定基本尺寸和尺寸公差两个方面内容。

尺寸圆整不仅可简化计算，清晰图面，更主要的是可以采用标准化刀具、量具和标准化配件，缩短设计和加工周期，提高劳动生产率，从而达到良好的经济效益。

在机械装置测绘中常用两种圆整方法，即设计圆整法和测绘圆整法。

一、设计圆整法

设计圆整法步骤基本上是按设计的程序，即以精心测量的实测值作基本依据，参照同类产品或类似产品的配合性质及配合类别，确定基本尺寸和尺寸公差。

1. 常规设计的尺寸圆整

常规设计是指标准化的设计，它是以方便设计制造和具有良好的经济性为目的的一种设计方法。

常规设计中对尺寸圆整时，一般采用国家标准 GB/T 2822—2005 推荐的尺寸系列，见表 5-1，优先选用的顺序是 $R'10$、$R'20$、$R'40$ 系列。也就是说，可将全部实测尺寸按 $R'10$、$R'20$、$R'40$ 系列圆整成整数。对于配合尺寸更应该按照国家标准圆整成整数（需要技术保密的，或要非标准化的情况除外）。

当被测绘的样机是属米制计量标准时，公差与配合标准采用 ISO 标准。

2. 非常规设计的尺寸圆整

基本尺寸和尺寸公差数值不一定都是标准化的。一般原则是：非标准尺寸的性能尺寸、配合尺寸、定位尺寸在圆整时，允许保留到小数点后一位；个别重要的和关键性尺寸允许保留到小数点后两位，其他尺寸取整数。

将实测尺寸的小数圆整为整数或带一、二位的小数，尾数删除应采用四舍六入五单双法，实践证明此法比较合理。所谓四舍六入五单双法是指在尾数删除时，逢四以下舍，逢六以上进，遇五则以保证偶数的原则决定进舍。

例如，①15. 6 应圆整成 16；②25. 4 应圆整成 25；③39. 5 和 40. 5 都应圆整成 40。

表 5-1　标准尺寸（10 ~ 100mm）（摘自 GB/T 2822—2005）　　（单位：mm）

R			*R′*			*R*			*R′*		
*R*10	*R*20	*R*40	*R′*10	*R′*20	*R′*40	*R*10	*R*20	*R*40	*R′*10	*R′*20	*R′*40
10. 0	10. 0		10	10			35. 5	35. 5		36	36
	11. 2			11				37. 5			38
12. 5	12. 5	12. 5	12	12	12	40. 0	40. 0	40. 0	40	40	40
		13. 2			13			42. 5			42
	14. 0	14. 0		14	14		45. 0	45. 0		45	45
		15. 0			15			47. 5			48
16. 0	16. 0	16. 0	16	16	16	50. 0	50. 0	50. 0	50	50	50
		17. 0			17			53. 0			53
	18. 0	18. 0		18	18		56. 0	56. 0		56	56
		19. 0			19			60. 0			60
20. 0	20. 0	20. 0	20	20	20	63. 0	63. 0	63. 0	63	63	63
		21. 2			21			67. 0			67
	22. 4	22. 4		22	22		71. 0	71. 0		71	71
		23. 6			24			75. 0			75
25. 0	25. 0	25. 0	25	25	25	80. 0	80. 0	80. 0	80	80	80
		26. 5			26			85. 0			85
	28. 0	28. 0		28	28		90. 0	90. 0		90	90
		30. 0			30			95. 0			95
31. 5	31. 5	31. 5	32	32	32	100. 0	100. 0	100. 0	100	100	100
		33. 5			34						

必须注意，尾数的删除应以删除的一组数来进行，而不得逐位地进行删除。例如，25. 456，当保留一位小数时，应圆整为 25. 4，而不应逐位圆整 25. 456→25. 46→25. 5。

3. 注意事项

1）所有尺寸圆整时，都应尽可能使其符合国家标准推荐的标准尺寸系列值，尺寸尾数多为 0、2、5、8 及某些偶数值。

2）公差带的分布按“入体”原则标注，对于被包容面尺寸（如轴径）标注成单向负公差（即 $_{-T}^{\ 0}$）；对于包容面的尺寸（如孔径）标注成单向正公差（即 $^{+T}_{\ 0}$）；对于诸如孔系中心距、相对中心的两平面之间的距离等尺寸，一般按对称分布标注，即标注成上、下偏差绝对值相等、符号相反的双向公差（即 $\pm T/2$）。

3）一般公差的尺寸（线性尺寸的未注公差）圆整，主要是合理确定基本尺寸，保证尺寸的实测值在圆整后的尺寸公差范围之内，并且圆整后的基本尺寸符合国家标准所规定的优先数、优先数系和标准尺寸，除个别外一般不保留小数。对于有其他标准规定的零件直径如球体、滚子轴承、螺纹等，或者是其他小尺寸零件，在圆整时应参照相关标准。

对于未注公差尺寸按照新标准 GB/T 1804—2000《一般公差 未注公差的线性和角度尺寸的公差》规定，只要根据行业或产品精度要求查表从四种公差等级任选一种即可。这四种公差等级为 f（精密级）、m（中等级）、c（粗糙级）、v（最粗级）。一般在图样上不必单独注出公差，而是在图样上、技术要求或技术文件（如企业标准）中作出总的说明，例如，常在图样标题栏附近或技术要求中标明：未注公差尺寸按照 GB/T 1804—*m*。

二、英制尺寸的圆整

尽管英美等国家的产品计量制度已逐步向国际标准的米制过渡，但目前在工程技术资料和英制产品的测绘中英制尺寸仍能碰到。

对某些要求特别高，制造较难的英制产品，如航空、航海设备及精密机器等，为了确保性能和安全可靠，允许保留英制的尺寸和参数。除此之外，一切英制尺寸原则上都应换算成米制尺寸。这样，我们在测绘与制造中就可以大量采用国内同类型产品的零部件、标准件，提高零件的互换性。在测绘与制造中也不必费时费力去设计和制造一整套英制加工设备，因此，可以降低成本，缩短产品开发时间。

将英制换算为米制的具体方法如下：

1. 换算标准

换算标准为 1in = 25.4mm。

从英制换算到米制的计算尺寸全部要求有四位小数。

2. 尾数删除原则

尾数删除原则采用四舍六入五单双法。

3. 尺寸圆整的精确度

尾数删除时要保留的位数应根据零部件的精度要求，即公差值的大小而定。表 5-2 是根据公差值大小而定的基本尺寸尾数保留位数，即要求的尺寸圆整精确度。

表 5-2 尺寸圆整精确度

英制尺寸的公差/in		基本尺寸保留位数 /mm	英制尺寸的公差/in		基本尺寸保留位数 /mm
自	到（不包括此数）		自	到（不包括此数）	
0	0.004	0.001	0.04	0.2	0.1
0.004	0.04	0.01	0.2	以上	1.0

利用上述方法将英制尺寸换算为米制尺寸，重要尺寸保留小数点后三位数，而一般的尺寸，按尺寸圆整原则，力求符合国家标准。

在测绘英制产品时，对主要尺寸也可以采用二次圆整法，以减少基本尺寸的小数位数，力求与我们标准靠近。例如，$3.2737^{+0.0025}_{0}$ in = $83.152^{+0.064}_{0}$ mm，再进行圆整。圆整原则是保证最大和最小极限尺寸不变，将 $83.152^{+0.064}_{0}$ mm 圆整成 $83.15^{+0.066}_{+0.002}$ mm 或 $83.2^{+0.016}_{-0.048}$ mm 或 $83^{+0.216}_{+0.152}$ mm。

显然，二次圆整法能在尺寸精度基本不变的情况下，使基本尺寸小数点后位数减少，甚至圆整成整数，虽然并不一定都能使基本尺寸符合我国的标准尺寸系列，但与一次圆整法相比，更符合我们习惯，更符合我国设计界的情况，因此在零件测绘中还是常见的。

三、测绘中的尺寸协调

一台机器或设备通常由许多零件、组件和部件组成，因此，不但要考虑部件中零件与零件之间的关系，而且还要考虑部件与部件之间、部件与组件之间的关系。所以，在测绘时，必须把相互配合的或装配尺寸链中有关零件的尺寸一起测量，将测量结果加以比较，最后一并确定基本尺寸和尺寸偏差，包括零件之间、组件之间、部件之间的配合尺寸都要进行协调。这不仅对相关尺寸在数值方面的协调，还有在尺寸的标注形式上的统一。

测绘中基本尺寸和公差的确定，是一项非常重要而又细致的工作。有些零件，仅仅依靠前面所讲的原则处理测量的数据还显然不够。它要求测绘人员不仅要有扎实的理论知识，还要有深入细致的调查研究和分析的能力。

5-5 极限与配合的确定

在零件测绘的过程中，我们只能测得被测件的实际尺寸和配合件的实际间隙或实际过盈，而不能确定被测绘件的极限与配合。要解决这一问题需进行以下三方面的工作，即基准制的确定、公差等级的确定和配合种类的确定。

通常，确定极限与配合的方法有两种，一种是类比法，另一种是实测法。

一、类比法确定极限与配合

1. 基准制的选择

（1）优先选用基孔制　对于孔的加工与测量，通常用钻头、铰刀、拉刀等定尺寸刀具加工和定尺寸量具（如塞规）检验。当孔的基本尺寸和公差相同而基本偏差改变时，需要更换刀具、量具，但对不同尺寸的轴来讲，可以用一种规格的车刀或砂轮来加工，仅需要调节刀具与工件的相对位置，轴径测量只需通用量具。

基孔制配合可简单表示为 H（2 ~ 13）/a ~ zc（2 ~ 13），基轴制配合也可表示为 A ~ ZC（2 ~ 13）/h（2 ~ 13）。测绘时，被测孔的实际尺寸大于基本尺寸时，基孔制配合的可能性较大。

综上所述，选用基孔制可以极大地减少定尺寸刀具、量具的品种和规格，有利于定尺寸刀具、量具的标准化、系列化，从而降低生产成本，达到较好的经济效益。

（2）下列情况下可以选择基轴制配合

1）根据标准件的要求确定。标准件通常由专门工厂大量生产，在制造时其配合部位的基准制已确定，因此，与之配合的轴或孔一定要服从标准件上既定的基准制。例如，滚动轴承内圈内径和轴的配合一定是基孔制，而外圈外径和轴承座孔的配合一定是基轴制。

2）由于机械结构上的特点必须采用基轴制。

3）农业机械与纺织机械中经常使用具有一定精度的冷拉圆钢型材直接做轴，极少加工，此时采用基轴制较为经济。

4）一轴多孔配合，如采用基孔制轴的结构太复杂，加工成本高，废品率高，可考虑改用基轴制。

（3）特殊情况下可采用非基准制配合　当机器上出现一个非基准孔（轴）与两个或两个以上的轴（孔）要求组成不同性质的配合时，其中至少有一个为非基准制配合。如图 5-2 所示，轴承孔与端盖的配合选用非基准制的混合配合 $\phi110J7/f9$。

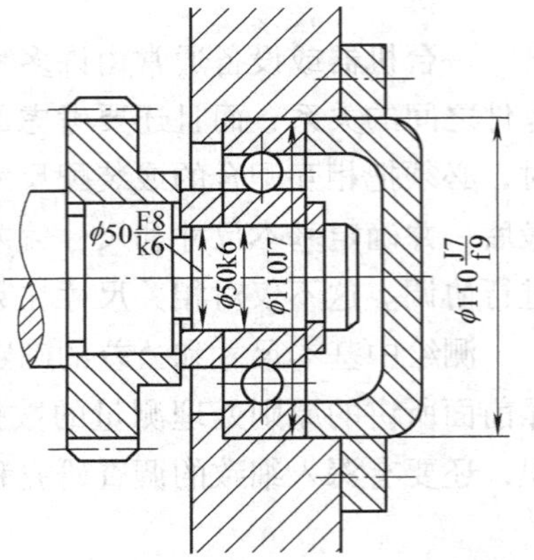

图 5-2　非基准制的混合配合

2. 公差等级的确定

由于测绘只能测量出实际尺寸而不能测量出被测零件的上、下偏差，为了确定被测件的公差等级，可用类比法选择，参考从生产实践中总结出来的经验资料，进行比较选择。

选择公差等级时，要正确处理使用要求、制造工艺和成本之间的关系。选择公差等级的基本原则是：在满足使用要求的前提下，尽量选取低的公差等级。在用类比法选择公差等级时，可从以下几个方面综合考虑：

1）根据被测零件所处机械装置的精度、被测零件所在位置的作用、配合性质和表面粗糙度数值来选取。若被测机械装置精度高、被测零件所在位置重要、配合性质要求高，以及表面粗糙度数值小，则被测部位的公差等级高；反之，则公差等级较低。

2）根据各个公差等级的应用范围和各种加工方法所能达到的公差等级来选取。

3）联系孔和轴的工艺等价性来研究。当基本尺寸≤500mm 的配合，公差≤IT8 时推荐选择轴的公差等级比孔的公差等级高一级；当精度较低或基本尺寸＞500mm 的配合，推荐孔、轴用同一公差等级。

4）联系相关件和配合件的精度来选择。例如，齿轮孔与轴配合的公差等级由齿轮的精度等级确定，与滚动轴承相配合的轴承座孔和轴颈的公差等级由滚动轴承的精度等级确定。

5）联系相配合的孔、轴公差等级的选择。在满足使用要求的前提下，以尽可能取稍低等级降低成本。

3. 配合的选择

在基准制和公差等级确定后，实际上基准孔或基准轴的公差带和相应的非基准轴或非基准孔公差带的大小就已经确定了，因此，选择配合种类实质上就是确定非基准轴或非基准孔公差带的位置，也就是选择非基准轴或非基准孔的基本偏差代号。

在确定非基准轴或非基准孔的基本偏差代号时，从以下几个方面考虑，再用类比法确定基本偏差代号即配合种类。

1）根据实测的孔和轴配合间隙或过盈大小。

2）考虑被测零件的配合部位在工作过程中对间隙的影响。

3）被测绘机械装置使用时间及配合部位磨损状态。

4）结合配合件的工作情况。

① 配合件间有无相对运动，若有相对运动则只能选间隙配合。

② 配合件间定心精度高低，要求高时需采用过渡配合。

③ 配合件受力情况，单位压力大时，间隙要大些或过盈量要小些。

④ 装配情况，如需要经常装拆，则配合间隙要大些，或过盈量要小些。

⑤ 工作温度，若工作温度与装配温度相差较大时，必须充分考虑装配的间隙在工作时发生的变化。

5）考虑配合件的生产批量情况，在单件小批生产时，孔往往接近最小极限尺寸，轴往往接近最大极限尺寸，造成孔轴配合趋紧，此时间隙应放大些。

6）应尽量选用优先配合。

7）在明确所选配合大类的基础上，了解与对照各种基本偏差的特点及应用。

二、实测法

用类比法确定公差配合基本上是由测绘者根据设计的实践经验，按照设计的一般程序给定的。由于缺乏对实测值的深入分析，因而在机械装置测绘过程中常出现偏离设计质量的情况，致使制造出的某些零件无法与原样机零部件互换。为了解决这一问题，可采用对测绘中所得到的实测数据和极限与配合标准进行科学分析，找出实测值与尺寸公差的内在联系，确定出基本尺寸和极限与配合。

1. 对实测值进行分析

假定所测绘零件全部为合格零件，则测绘中得到的实测值一定是原图样给定的公差范围内的某一数值，即

$$实测值 = 基本尺寸 \pm 制造误差 \pm 测量误差$$

由于制造误差与测量误差之和应小于或等于原图规定的公差，所以

$$最小极限尺寸 \leqslant 实测值 \leqslant 最大极限尺寸$$

又由于制造误差和测量误差在大批大量生产时，符合正态分布规律，即它们处于中值的概率为最大。当只有一个测得值时，便可将该实测值作为被测零件在公差中值时的零件尺寸，将实测的间隙或过盈当成图样所给间隙或过盈的中值。当实测值有多个值时，则应进行概率计算。

2. 实测值和极限与配合的内在联系

在被测零件的实测值中，既包含着零件的基本尺寸，又包含着零件的公差。因为基准孔的公差带位置总是在零线上方，其上偏差 ES 的数值的绝对值即为基准孔的公差值，而基准轴的公差带位置总是在零线下方，其下偏差 ei 的绝对值即为基准轴的公差值。

在非基准件的实测值中，不仅包含着基本尺寸和公差，而且还包含着基本偏差。因为在孔和轴的配合中，各种不同的配合性质都是由极限与配合标准中规定的孔和轴的公差带位置决定的，而每一种公差带位置则由基本偏差确定。实测间隙或过盈的大小，反映基本偏差大小。

由上面的分析可以看出，相互配合的孔、轴的基本尺寸和公差值，应该在实测值中去

找，而配合类别应该在实测间隙或过盈中去找。

3. 具体确定步骤

（1）精确测量　测量精度应保证小数点后三位。为精确起见，测量中应对同一几何量进行等精度测量，在剔除粗大误差后求出其算术平均值，并将此值作为被测零件的公差在公差中值时的测得值。

（2）确定配合基准制　根据零件结构、工艺性、经济性几个方面综合考虑，一般情况下，优先选用基孔制。

（3）确定基本尺寸　相互配合的孔与轴，其基本尺寸只有一个。实测法是根据实测值与公差的内在联系，从实测值中确定基本尺寸的定量方法。

1）确定尺寸精度。确定尺寸精度就是判定基本尺寸是否包含实测值小数点后面的数值。测绘时，不论是基孔制还是基轴制，推荐按孔的实测尺寸，根据表 5-3 来判断基本尺寸是否应含小数点后的数值。

表 5-3　基本尺寸是否含小数值判别

基本尺寸/mm	实测值中小数点后的第一位数	基本尺寸是否含小数值
1 ~ 80	≥2	包含
>80 ~ 250	≥3	包含
>250 ~ 500	≥4	包含

2）确定基本尺寸数值。由于基孔制的基准孔下偏差为 0，上偏差为正；而基轴制的基准轴上偏差为 0，下偏差为负，并且假设实测值为原图样所给基本尺寸与公差中值之和，所以，孔（轴）的基本尺寸必须同时满足下列不等式：

$$\text{对于基孔制}\begin{cases}\text{孔（轴）的基本尺寸} < \text{孔实测值}\\ \text{孔实测值} - \text{基本尺寸} \leqslant 1/2\ \text{孔公差（IT11）}\end{cases} \tag{5-1}$$

$$\text{对于基轴制}\begin{cases}\text{孔（轴）的基本尺寸} > \text{轴实测值}\\ \text{基本尺寸} - \text{轴实测值} \leqslant 1/2\ \text{轴公差（IT11）}\end{cases} \tag{5-2}$$

3）计算公差，确定尺寸公差等级。

① 计算基准件公差。

$$\text{基孔制的孔公差 Th} = (L_{\text{实测}} - L_{\text{基本}}) \times 2$$

$$\text{基轴制的轴公差 Ts} = (l_{\text{基本}} - l_{\text{实测}}) \times 2$$

根据所得的 Th 或 Ts，从标准公差表中查出相近的数值，即可求出公差等级。

② 确定相配件公差等级。相配件的公差等级应根据基准件的公差等级并按工艺等价性进行选择。

4）计算基本偏差，确定配合类型。

① 计算孔、轴实测尺寸之差，确定出实测间隙或过盈值。

② 求相配合孔、轴的平均公差 $T_{\text{平均}}$。

$$T_{\text{平均}} = (\text{孔公差}\ T_h + \text{轴公差}\ T_s)/2$$

③ 当孔、轴实测为间隙时，如图 5-3 所示，可按表 5-4 确定配合类型；当孔、轴实测

为过盈时，如图5-4所示，可按表5-5确定配合类型。

表5-4　孔轴实测为间隙时的配合

实测间隙种类		1	2	3	4
		间隙 $=\frac{T_h+T_s}{2}$	间隙 $<\frac{T_h+T_s}{2}$	间隙 $>\frac{T_h+T_s}{2}$	间隙 $=\frac{基准件公差}{2}$
轴（基孔制）	配合代号	h	J、k	a、b ~ f、fg、g	js
	基本偏差	上偏差	下偏差	上偏差	$\pm\frac{轴公差}{2}$
	偏差性质	0	—	—	
孔、轴的基本偏差计算		不必计算	查公差表	基本偏差 = 间隙 $-\frac{T_h+T_s}{2}$	查公差表
孔（基轴制）	配合代号	H	J、K	A、B、C、CD、D、E、EF、F、FG、G	JS
	基本偏差	下偏差	上偏差	下偏差	$\pm\frac{孔公差}{2}$
	偏差性质	0	+	+	

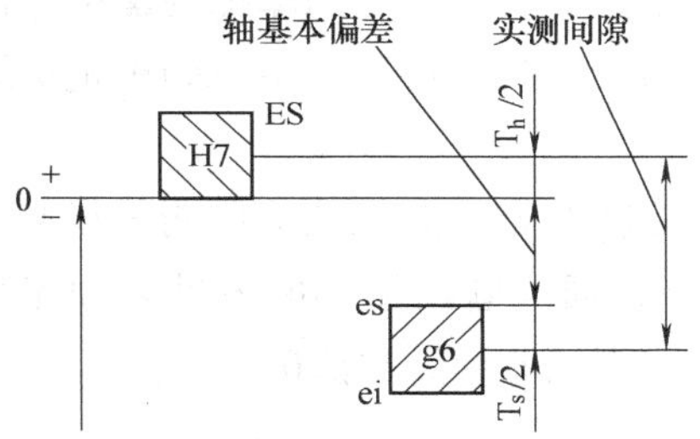

图5-3　基孔制间隙配合公差带

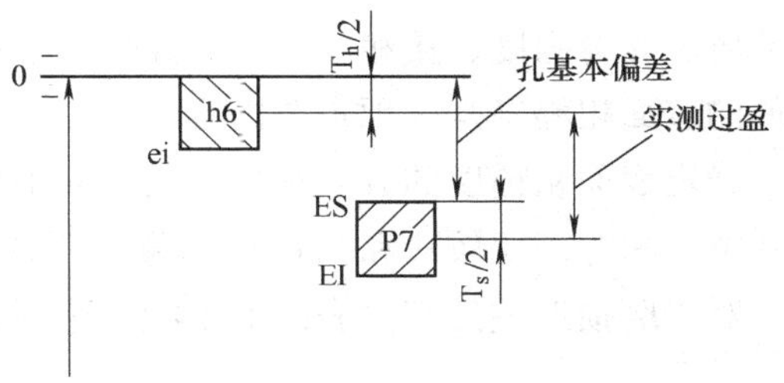

图5-4　基轴制过盈配合公差带

表5-5　孔轴实测为过盈时的配合

轴（基孔制）	适用范围	轴的公差等级为IT4、IT5、IT6、IT7级	轴的公差等级为IT01、IT0、IT1、IT2及IT8 ~ IT13级
	配合代号	m、n、p、r、s、t、u、v、x、y、z、za、zb、zc	k
	基本偏差绝对值	|过盈| $+(T_h-T_s)/2$①	当 $T_h<T_s$ 时出现实测过盈 当 $T_h>T_s$ 时出现实测间隙
	基本偏差	下偏差	下偏差
	偏差性质	+	0
孔（基轴制）	适用范围	孔的公差等级IT8 ~ IT16级	孔的公差等级≤IT7，孔公差 > 轴公差
	配合代号	K、M、N、P、R、S、T、U、V、X、Y、Z、ZA、ZB、ZC	K ~ ZC
	基本偏差绝对值	|过盈| $-(T_h-T_s)/2$	|间隙| $+(IT_n-IT_{(n-1)})/2$② 或 过盈| $-(IT_n-IT_{(n-1)})/2$
	基本偏差	上偏差	上偏差
	偏差性质	—	—

注：① 计算结果如出现负值，说明孔公差小于轴公差，不合适，应调整孔、轴公差等级。

② 式中 n 为公差等级。

确定过渡配合时，在大批量情况下，如实测值出现间隙，按国家标准只能出现基孔制的 H/j、H/k、H/js 或基轴制的 J/h、K/h、JS/h 三种情况，可查表 5-4。

5）确定相配合孔、轴的上偏差和下偏差。

① 基孔制的孔，其上偏差 ES = +孔公差，下偏差 EI =0。

② 基轴制的轴，其上偏差 es =0，下偏差 ei = -轴公差。

③ 当已知非基准制孔或轴的公差等级和基本偏差时，其另一偏差为

$$ES(es) = EI(ei) + IT$$

$$EI(ei) = ES(es) - IT$$

6）校核与修正。根据常用、优先配合进行校核，根据零件的功用、结构、材料、工艺方法、工艺水平及工作条件，在必要时可对公差与配合进行适当调整和修正。

5-6 表面粗糙度的确定

表面粗糙度是零件表面的微观几何形状误差，它对零件的使用性能如摩擦与磨损、配合性质、疲劳强度、接触刚度、缓蚀性等都有很大的影响。因此，在测绘中正确确定被测零件的表面粗糙度是一项重要内容。

确定表面粗糙度的方法很多，而测绘中确定表面粗糙度的方法有比较法、测量仪测量法和类比法等。比较法和测量仪测量法适用于确定没有磨损或磨损极小的零件表面粗糙度。对于磨损严重的零件表面就不能用这两种方法确定，而只能用类比法确定。

一、比较法

比较法是将被测表面与已知其高度特征参数值的表面粗糙度样板相比较，通过人的视觉和触觉，亦可借助放大镜来判断被测表面的表面粗糙度。比较时，所用的表面粗糙度样板的材料、形状和加工工艺尽可能与被测表面相同，这样可以减少误差，提高判断的准确性。

二、测量仪测量法

测量仪测量法是利用表面粗糙度测量仪确定被测表面的表面粗糙度，这是一种科学准确确定表面粗糙度的方法。常用的测量仪有：

1）电动轮廓仪。它是一种接触式测量表面粗糙度的仪器，其最大的优点是能够直接读出表面粗糙度 R_a 的数值，此外还能测量平面、轴、孔和圆弧面等各种形状的表面粗糙度。仪器的测量范围 R_a0.01 ~5μm。

2）光切显微镜。光切显微镜又称双管显微镜，可用于测量车、铣、刨以及其他类似方法加工的金属外表面。光切显微镜主要用于测定高度参数 R_z。测量 R_z 的范围一般为 0.8 ~100μm。

3）干涉显微镜。干涉显微镜是利用光波干涉原理测量表面粗糙度的仪器，主要用于

测量表面粗糙度的 R_z 值，其 R_z 测量范围通常为0.05 ~0.8 μm。

三、类比法

表面粗糙度数值的选用原则是：根据零件的使用要求，在首先满足功能要求的前提下，考虑工艺经济性，参数的允许值尽可能大。

在选择参数值时，仔细观察被测表面的粗糙度情况，认真分析被测表面的作用、加工方法、运动状态等，根据经验统计资料来初步选定表面粗糙度参数值，然后再对比工作条件作适当调整，调整时应考虑如下几点：

1）同一零件上，工作表面的表面粗糙度值应比非工作表面小。

2）摩擦表面的表面粗糙度值应比非摩擦表面小，滚动表面的表面粗糙度值应比滑动摩擦表面小。

3）运动速度高、单位面积压力大的表面以及受交变应力作用的重要零件圆角、沟槽的表面粗糙度值都应小。

4）配合性质要求越稳定，其配合表面的表面粗糙度值应越小；配合性质相同时，小尺寸结合面的表面粗糙度值应比大尺寸结合面小；同一公差等级时，轴的表面粗糙度值应比孔小。

5）表面粗糙度参数值应与尺寸公差及形位公差相协调。一般来说，尺寸公差和形位公差小的表面，其表面粗糙度值也应小。正常工艺条件下，表面粗糙度参数值与尺寸公差及形状公差的对应关系见表5-6。

表5-6　形状公差与表面粗糙度参数值的关系

形状公差 t 占尺寸公差 T 的百分比 t/T（%）	表面粗糙度参数值占尺寸公差百分比	
	R_a/T（%）	R_z/T（%）
约60	≤5	≤20
约40	≤2.5	≤10
约25	≤1.2	≤5

6）防腐性、密封性要求高，外表美观等表面粗糙度值应较小。

7）凡有关标准已对表面粗糙度要求作出规定（如与滚动轴承配合的轴颈和外壳孔、键槽、各级精度齿轮的主要表面等），则应按标准确定的表面粗糙度参数值选取。

5-7　材料及热处理工艺的确定

在机械装置测绘中，对原机零件材料的确定往往比较困难。通常情况下，首先对零件材料进行鉴定，了解零件材料的性能，以此作为选择和确定零件材料的依据，然后根据选择材料的原则确定零件材料。

一、鉴定材料的方法

1. 化学分析法

化学分析法是最可靠的材料鉴定方法。它是对零件进行取样和切片，并用化学分析的手段，对零件材料的组成、含量进行鉴别的方法。所以在可能的条件下，主要零件都应用此方法进行材料鉴定。其缺点是对零件要进行局部破坏或损伤。实际测绘中多是用刀在非重要表面上，刮下少许（称为取样）进行化验分析。

2. 光谱分析法

光谱分析法是采用光谱分析仪，依靠组成材料各元素的光谱不同，分辨原材料中各组成元素。它主要是用来对材料中各组成元素进行定性的分析，而不能对其进行确切的定量鉴定。

3. 外观比较鉴定法

在不允许破坏零件的情况下，可根据观察零件表面的色别、光泽及敲击零件，听其声音或秤其质量来鉴别，即通过眼看、手触和耳听。例如，钢铁呈黑色，青铜颜色青紫，黄铜颜色黄亮，铜合金一般颜色红黄，铅合金及铝镁合金则呈银白色等；当轻轻敲击零件时，声音清脆有余音者为钢，声音闷实者为铸铁。还可以根据零件的质量、密度来鉴别。

4. 硬度鉴定法

硬度是材料的主要机械性能之一，一般在测绘中若能直接测得硬度值，就可大略估计零件的材料。例如，钢铁金属一般硬度较高，非铁金属硬度较低。所以，绝大多数零件，在测绘中都要进行硬度测定，一般多在硬度机上进行。对有些不重要的零件，可以采用简便的锉刀试验法来测定，这种方法是利用经过标定的硬度值不同的几把锉刀锉削零件的表面，以确定零件的硬度。

5. 火花鉴别法

利用零件在砂轮上磨削时，形成的火花特征来确定零件的材料，见表5-7，各种质量分数的碳钢的火花特征如图5-5所示。显然它是一种损伤零件的经验辨别法，也属于有损辨别法。

表5-7 常用零件材料的火花特征

材料种类	纯铁	灰铸铁	白口铁	可锻铸铁	高速工具钢	铬不锈钢
火花形状				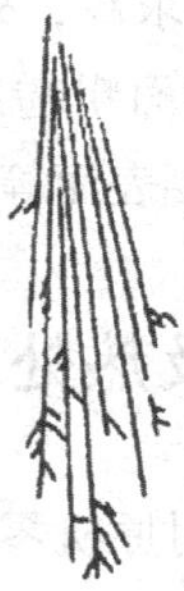		

（续）

材料种类		纯　铁	灰　铸　铁	白　口　铁	可锻铸铁	高速工具钢	铬不锈钢
火束粗细		粗大	细小	极小	口等	较小	中等
流线长度		极长	短	短	较短	长	较长
火束颜色	根部	稻草色	红色	红色	红色	红色	稻草色
	尾部	明亮	稻草色	稻草色	稻草色	稻草色	明亮
火花数量		极少	多	少	多	极少	中等
火花特征		分叉	星形，迭开	小枝多	芒线细	分叉有狐尾	分叉，星形

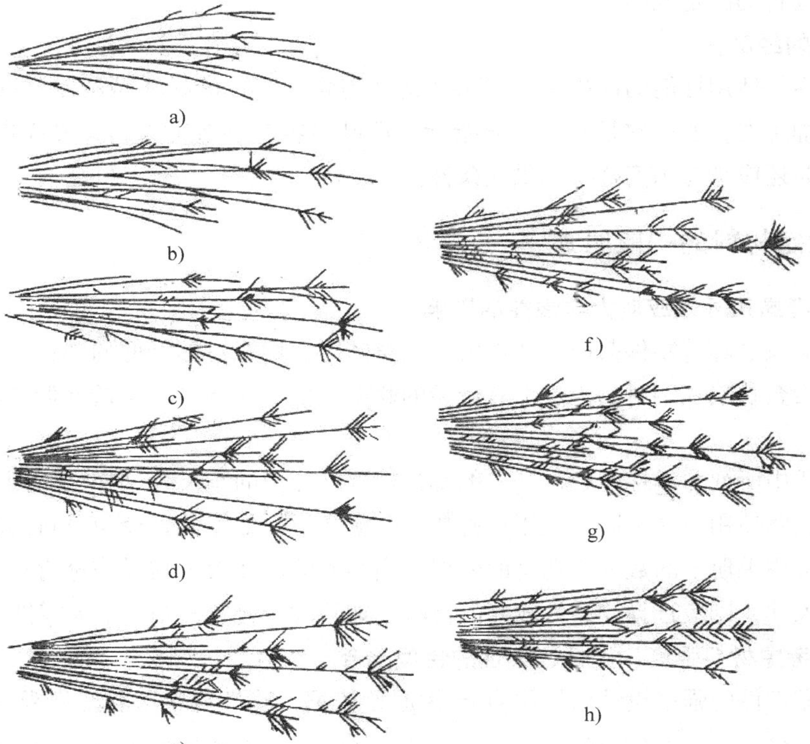

图 5-5　碳钢的火花特征

a）碳的质量分数为 0.1% 的低碳钢　b）碳的质量分数为 0.2% 的低碳钢　c）碳的质量分数为 0.3% 的低碳钢　d）碳的质量分数为 0.4% 的中碳钢　e）碳的质量分数为 0.5% 的中碳钢　f）碳的质量分数为 0.6% 的中碳钢　g）碳的质量分数为 0.7% 的高碳钢　h）碳的质量分数为 0.8% 的高碳钢

二、选择材料的基本原则

1. 材料的使用性能

选择材料首先要考虑材料能否满足零件的使用性能。应根据零件的工况，分析其可能出现的失效形式，找出零件对材料的主要性能要求，合理选择材料。

一般机械零件和工模具的失效形式有三种类型：

1）断裂失效，如塑性断裂、疲劳断裂、蠕变断裂、低应力脆断等。

2）过量变形失效。

3）表面损伤失效，如磨损过度、腐蚀等。

2. 材料的工艺性能

材料的工艺性能与材料的组成、组织有关，同时也涉及到工具、介质、温度等有关因素。工艺性能随环境而有所变化。材料工艺性能的好坏，对切削加工性、生产效率和生产成本等方面起重要的作用。这是选择材料必须考虑的另一个重要因素。

材料工艺性能的好坏在单件小批生产时，并不显得十分突出，而在大批量生产的条件下，常成为选材的决定性因素。

3. 材料的经济性

在满足零件使用性能的前提下，材料经济性包含了零件的材料费和零件的制造费用，即材料费和加工费，所以它是一个综合指标，即既要容易制造出来，又要成本尽可能低。另外，选材时还应考虑国家资源和供应条件。

三、确定材料的一般原则

1. 充分考虑尺寸效应对力学性能的影响

尺寸效应就是随着零件截面尺寸增大，钢材的力学性能指标降低的现象。尺寸效应与截面内部的冶金缺陷和钢材的淬透性有密切的联系，冶金缺陷多和淬透性低的钢材，尺寸效应明显。

钢材手册中所列力学性能数据，一般都是根据能淬透的小尺寸试样试验测得的，由于试验条件与实际使用条件不同，使用这些数据时应注意。如零件直径与材料的临界淬透直径相近，则可用手册上的数据作选材的依据；当零件的尺寸大于临界淬透直径较多时，若不改变零件尺寸，则应选择淬透性较好的材料，如不改变材料，则应增大零件截面尺寸。

2. 综合考虑材料强度、塑性、韧性的合理配合

一般机械零件的强度设计以屈服点 σ_s 为原始依据，脆性材料以强度极限 σ_b 为原始依据。提高强度指标一般会使零件的塑性、韧性有所降低，当零件过载时，就容易发生脆性断裂。

金属材料的强度指标与硬度之间存在着一定内在联系，它们可用下列关系式表示：

低碳钢　$\sigma_b \approx 0.36\text{HBW}$

高碳钢　$\sigma_b \approx 0.34\text{HBW}$

中碳钢（含合金调质钢）　$\sigma_b \approx 0.33\text{HBW}$

铸铁　$\sigma_b = \dfrac{\text{HBW} - 40}{6}$

铜及其合金和不锈钢　$\sigma_b = 0.4 \sim 0.55\text{HBW}$

材料的强度还与其他力学性能存在着一定的关系，故可以通过硬度值来间接表示强度、塑性和韧性。而硬度测定最简单，因此，大多数图样上只标注出所要求的硬度值。

四、按零件使用性能选择材料及热处理工艺

1. 以零件的综合力学性能为主选择材料及热处理工艺

当零件在工作过程中主要承受交变载荷与冲击载荷，并且零件失效形式主要是过量变形和疲劳破坏时，则要求材料具有较高的强度、疲劳极限、塑性与韧性，即要求材料有较高的综合力学性能。这样的零件一般采用中碳钢或中碳合金钢制造，经正火或等温淬火获得较高的综合力学性能。

零件断面上承受均匀、周期性变化的拉（压）应力时，材料应具有高的屈服点和强度极限，高的疲劳强度，要求整个截面淬透，材料应有较好的淬透性与较小的尺寸效应。

传动轴类零件，主要承受交变的弯曲、扭转应力并且轴表面应力最大，中心为零，疲劳裂纹也始于表层。这类零件不需要很深的硬化层，一般只要求距表面 1/2 ~ 1/4 半径处淬硬即可。材料选择中碳钢或中碳合金钢，经淬火处理获得表面硬化层。

2. 磨损为主的零件的选材及热处理工艺

材料的耐磨性主要与材料的硬度、金相组织有关。

在受力较小、摩擦较大的情况下，主要失效形式是过量磨损，要求材料有高的耐磨性，一般采用共析钢进行淬火及低温回火以获得高的硬度。

在受磨损与交变载荷、冲击载荷的情况下，主要失效形式是磨损、过量变形和疲劳破坏。要求零件心部具有一定的综合力学性能，表面有高的耐磨性，应选择材料适合于表面热处理和化学热处理的钢材。一般选用中碳（合金）钢经表面淬火处理，低碳（合金）钢或中碳（合金）钢经渗碳、渗氮或碳氮共渗等化学热处理获得较好的耐磨性。

选材时要充分考虑材料的工艺性和经济性，要积极选用新材料，合理选用代用材料。根据我国情况，可以考虑锰、硅、硼、钼、钒等合金元素的钢代替铬、镍合金元素的钢，以球墨铸铁代替铸钢、锻钢件，以铝基轴承合金代替巴氏合金、铜基轴承合金。

五、典型零件选材及热处理工艺选择

1. 机床主轴

主轴主要传递动力，承受交变的弯曲应力与扭转应力，有时也承受载荷，轴颈和配合表面有相对摩擦，要求耐磨性高。

主轴的常见损坏形式有磨损、弯曲、扭曲、裂纹、锥孔研伤。

主轴工作时，一般为中速、中等载荷。在滚动轴承中工作的主轴，选择材料大多采用中碳钢、中碳合金钢，如 45、40Cr、50Mn2 钢，经过调质处理，局部加热淬火回火后，表面硬度可达到 52HRC。

对于要求具有更高的表面硬度、耐磨性和疲劳强度的高精度主轴，通常采用合金氮化钢制造如 38CrMoAl，经氮化处理后硬度可达到 1000 ~ 2000HV。

对于承受较大的冲击载荷的主轴，采用 20Cr、20Mn2B、20MnVB、12CrNi3 制造，渗碳淬火后表面硬度可达到 64HRC，心部硬度可达到 42HRC。

对于要求刚性好、精度高的磨床或镗床主轴，可用 GCr15 钢制造，经高频淬火硬度可

达到 62HRC。

有些主轴可采用球墨铸铁制造，代替 45 钢制造主轴。

2. 齿轮

在机床齿轮中，对低速低载荷、中速中载荷、齿面硬度要求较高的齿轮，常采用 45 钢制造，经高频淬火、回火后齿轮硬度可达 45～50HRC。

对于中等速度、中等载荷、受冲击不太大的齿轮或截面较大的齿轮，常采用 40Cr、40MnVB、40MnB 制造，经调质后高频淬火、回火后硬度可达到 52～56HRC。

对于高速重载、受冲击的齿轮，采用 20CrMnTi、20Mn2B、20MnVB、20SiMnVB 等渗碳钢制造，经渗碳、淬火回火后硬度可达 64HRC。

冶金、矿山机械重型齿轮，大多采用 Si-Mn 钢制造，如 35SiMn、42SiMn、37SiMn2MoV。少数齿轮采用 40、40Cr、40MnB 钢制造。

含 Si-Mn 类钢制造软齿面齿轮，一般为正火或调质状态，硬齿面齿轮一般经渗碳或感应加热淬火后低温回火。大小齿轮硬度差一般都超过 30HBW，甚至达到 100HBW，使用寿命较长。

3. 弹簧

弹簧的性能和使用寿命在很大程度上取决于弹簧材料。对弹簧材料的要求是有较高的抗拉强度、屈服强度和疲劳强度，同时要求足够的冲击韧性和塑性。对特定场合与环境，还要求耐腐蚀性和耐高温，此外还应有良好的热处理性能。

应根据弹簧的功用、工作情况（载荷性质、工作环境、重要程度），来选取弹簧的材料。弹簧常用的材料为碳素弹簧钢（60、65），其价格低廉，多用于尺寸较小和一般用途的弹簧。当弹簧钢丝直径较大时（≥15mm），弹簧不易淬透；在材料中加入了锰、硅、铬、钒等元素的合金钢，大大提高了淬透性，改善了钢的力学性能，广泛应用在变载荷和冲击载荷作用下的弹簧。常用的合金钢有锰弹簧钢（65Mn）、硅锰弹簧钢（60Si2Mn）、铬钒钢（50CrVA）等。对于防腐蚀、防磁性、导电性等场合，弹簧材料可选用不锈钢和铜合金。常用的非金属材料有橡胶和纤维增强塑料等。

5-8 形状和位置公差的选择

零件的形状和位置误差对机器、仪器的工作精度、使用寿命、质量等都有直接的影响，对于在高速、高压、高温、重载等条件下工作的机器和精密仪器，其影响更甚。它是许多机器的精度标准的主要内容，也是许多精密机器的关键技术。随着制造技术的不断发展，高精度、大功率、高速度的机器越来越多，因而对零件的形状和位置精度要求也越来越高，在机械装置测绘中必须予以高度重视。

一、标注形位公差的场合

1. 重要配合尺寸

需要严格保证配合性质的场合必须按包容要求标注。如 ϕ30H7 Ⓔ孔与 ϕ30h6 Ⓔ轴的配合，可以保证配合的最小间隙等于零。若对形状公差有更严格的要求，可在标注的同时，进一步提出形状公差要求。

2. 需要保证装配互换处

基本尺寸不同的装配互换，或者只是为了装配的大间隙配合，按最大实体要求标注。如穿过螺栓的通孔的位置度。

3. 对形位公差要求特别高

特别精密的机器零件或尺寸精度与形位精度要求相差较大时，必须按独立原则标出。如齿轮箱体孔，需分别保证孔的尺寸精度和孔轴心线的平行度要求；平板尺寸精度要求低，而平面度要求高。

4. 对形位公差要求特别低

某些农机产品的形位误差数值可达几个毫米，为不产生误解，经济地生产零件，也必须按独立原则标出。

二、标注形位公差的项目

1）从保证零件设计性能和满足使用要求，来确定形位公差项目。例如，车床主轴箱上支承主轴的前后轴承孔，很明显两孔的圆柱度或圆度及两孔的同轴度，都是与主轴的旋转精度和使用寿命密切相关的；再如，印刷机滚筒的圆柱度和轴心线的直线度是保证滚筒性能和使用要求的。

2）从各种典型零件的多种加工方法容易出现的误差种类，来确定形位公差项目。例如，圆度公差，无论用何种加工方法，轴类零件的圆度误差出现是非常普遍的；又如，对称度公差，花键加工中由于分度原因，花键零件的对称度误差也是普遍的。

3）参考同类型产品的图样。同类型产品其形位公差项目往往是相同的，可以作为参考。

三、确定形位公差的数值

1）国标 GB/T 1184—1996 对各项形位公差都规定了标准公差值或者数值，可直接查表或计算求得所需形位公差数值。

2）从尺寸公差估算出形位公差数值，见表 5-8。

表 5-8　形状公差与尺寸公差的大致比例关系

尺寸公差等级	孔或轴	形状公差占尺寸公差的百分比
IT5	孔	20% ~67%
	轴	33% ~67%
IT6	孔	20% ~67%
	轴	33% ~67%
IT7	孔	20% ~67%
	轴	33% ~67%

（续）

尺寸公差等级	孔或轴	形状公差占尺寸公差的百分比
IT8	孔	20% ~67%
	轴	33% ~67%
IT9	孔、轴	20% ~67%
IT10	孔、轴	20% ~67%
IT11	孔、轴	20% ~67%
IT12	孔、轴	20% ~67%
IT13	孔、轴	20% ~67%
IT14	孔、轴	20% ~50%
IT15	孔、轴	20% ~50%
IT16	孔、轴	20% ~50%

3）一般情况下，表面粗糙度 R_a（或 R_z）值小于形状公差数值，形状公差数值小于位置公差数值，而位置公差数值小于尺寸公差数值（特殊情况如细长轴、薄壁件等可以例外）。

4）有些零件可以直接查零件设计的有关表格得到其形位公差。例如，与轴承配合的轴颈和外壳孔的圆柱度和端面圆跳动、花键的对称度、齿轮齿坯基准面的径向和端面圆跳动等，都可直接从机械零件设计手册查表得到。

机械加工零件图上未注出形位公差的要素，仍对形位公差有一定的要求，其允许的变动量应符合 GB/T 1184—1996 形位未注公差的规定。

四、形位误差的测量

机械装置中确定零件的形位公差，如果没有原始资料，就需要通过对零件的精确测量，根据实际测量结果来确定形位公差。为了使测量准确，符合国家标准，GB/T 1958—2004《产品几何量技术规范（GPS）形状和位置公差检测规定》中罗列了各个形位项目的具体测量方法。测绘中可参阅该标准的有关规定和推荐的测量方案与检测工具进行。需要强调的是，测量方法的标准化很重要，因为形位误差的数值与测量方案及检测工具关系很大，所以许多高精度形位误差项目不仅标出公差值，还标出测量方案和测量工具等。

五、注意事项

1）在实际测绘中，无论有参考资料，还是有测量数据，都必须根据国家标准，从公差原则出发来标注，即从设计出发，从功能要求出发来标注。所以，测绘者必须熟悉公差原则及其标注形式，深入了解零件功能要求，参考有关资料，从设计出发来决定形位公差项目及数值。实际测量得到的只是形位误差，而无法测到形位公差。

2）许多国外样机，不少零件从功能上讲，对形位公差要求不高，但由于科技发展，工艺水平的不断提高，加工精度大大提高，使其形位精度很高，实测值很小。这时，我们也千万不能以实测值为主要依据，盲目提高精度，给生产、检验带来困难，造成不必要的浪费。

3）对经过测量得到的实测值，必须要有分析，仅作为一种参考资料，主要应根据零件功能要求，结合国家标准所规定的公差值，合理确定，必要时通过计算校验，或试制实样来确定。

课题六　机械装置的装配

【学习目标】

1. 养成严格按照操作程序进行装配的职业习惯。
2. 熟练掌握典型零件的装配方法、装配注意事项。

根据机械装置的技术要求，将零件或部件进行配合和连接，使之成为半成品或成品的过程，称为装配。机器的装配是机器制造过程中最后一个环节，它包括装配、调整、检验和试验等工作。

6-1　装配的一般要求

一、装配的基本概念

装配过程使零件、套件、组件和部件间获得一定的相互位置关系，所以装配过程也是一种工艺过程。为保证有效地进行装配工作，通常将机器划分为若干能进行独立装配的装配单元。

1. 零件

零件是组成机器的最小单元，由金属或其他材料制成的。

2. 套件

套件也称合件，是在一个基准零件上，装上一个或若干个零件构成的，是最小的装配单元。为套件而进行的装配工作称为套装。

3. 组件

组件也称总成，是在一个基准零件上，装上若干套件及零件而构成的，如主轴组件。为组件而进行的装配工作称为组装。

4. 部件

部件是在一个基准零件上，装上若干组件、套件和零件而构成的，如台式钻床的主轴箱。部件的特征是在机器中能完成一定的、完整的功能。为形成部件而进行的装配工作称为部装。

在一个基准零件上装上若干个部件、组件、套件及零件，并最终装配成机器，称为总装。

装配时必须有基准零件或基准部件，其作用是联接需要装在一起的零件或部件，并决定这些零部件之间的正确位置。

二、装配的主要环节

1. 清理和清洗

在装配过程中必须保证没有杂质留在零、部件中，否则，就会迅速磨损机器的运动表面，严重时会使机器在很短的时间内损坏。因此，零件在装配前必须经过认真的清理和清洗，其目的是去除粘附在零件上的灰尘、切屑和油污，并使零件具有一定的防锈能力。清理除了对零件的除锈、防锈、去毛刺外，还包括清理零件上残存的型砂粒、铁屑和其他碎小的杂物等。清洗对轴承、密封件、转动件等特别重要。清洗的方法有浸洗、擦洗、喷洗和超声波清洗等。清洗液主要有煤油和轻柴油、汽油、碱液和各种化学清洗液。

2. 连接

这是装配的重要工作。连接包括可拆卸连接，如螺纹联接、键联接和销钉联接等，和不可拆卸连接，如焊接、铆接、粘接及过盈连接等。

3. 校正、调整与配作

在机器装配过程中，特别是在单件小批生产条件下，完全靠零件互换装配以保证装配精度往往是不经济的，甚至是不可能的，所以在装配过程中常采用校正、调整与配作等环节，来保证机械装置的运动精度的。

校正是指产品中相关零部件相互位置的找正、找平及相应的调整工作。调整是指相关零部件相互位置的具体调节工作。配作是指几个零件配钻、配铰、配刮和配磨等，这是装配中间附加的一些钳工和机械加工工作。配钻和配铰要在校正、调整，并紧固联接螺钉后再进行。

4. 平衡

对转速较高、旋转平稳性要求较高的机器，为防止其在工作中出现不平衡的离心力和振动，应对其旋转零、部件（有时包括整机）进行平衡，如带轮、齿轮、飞轮、曲轴、叶轮、电动机转子、砂轮等都要进行平衡试验。在生产中常用静平衡法和动平衡法来消除由于质量分布不均匀所造成的旋转体的不平衡。对于直径较大且长度较短的零件（飞轮和带轮等）一般采用静平衡法消除静力不平衡。而对于长度较长的零件（电动机转子和曲轴等），为消除质量分布不匀所引起的力偶不平衡和可能共存的静力不平衡，则需采用动平衡法。

旋转体内的不平衡量可用两种方法来达到平衡。

1）去重法。去重法是用钻、铣、磨、锉、刮等方法除去不平衡质量。

2）配重法。配重法是用螺纹联接、补焊、粘接等方法加配质量或改变在预制的平衡槽内平衡块的位置或数量来达到平衡。

5. 验收试验

机械产品装配完成后，应根据有关技术标准和规定，对产品进行比较全面的检验和试验工作（一般分出厂检验和型式试验），合格后才能出厂。各类产品检验和试验工作的内容、项目是不相同的，其验收试验工作的方法也不相同。

此外，装配工作的基本内容还包括涂装、包装等工作。

三、装配的一般要求

机械装置的装配决定着该装置各项性能是否符合原设计的各项功能与指标的要求，所以要求在装配前，对已拆卸的零件和需要更换的新件进行质量检查，达到规定的技术要求后，方可进行装配，以免反复拆装造成时间和材料的浪费。在装配中，无论是部件装配或总装配，其主要工序均要进行必要的精度检查，以免中间工序不合格，影响最终装配质量而造成返工。在装配后应进行试运转、调整，精度和性能检查，确认装配质量达到合格要求。

6-2 典型零件的装配

一、螺纹联接的装配

1. 螺纹联接的装配要求

螺纹联接如图 6-1 所示，其装配要求包括：

图 6-1 常用标准螺纹联接件

1）保证被联接件正确的相对位置和紧固的可靠性，工作中不松动、不毁坏且拆装方便。

2）成组螺栓、螺钉的装配应按对称交错的顺序有内向外依次旋紧，若有定位销，旋紧要从定位销附近开始，如图 6-2 所示，而且要分两、三次按顺序逐渐旋紧至要求。

3）在工作中受冲击、振动、变载荷作用或工作温度变化很大时，螺纹联接要有防松锁紧装置。常用的几种防松装置，见表 6-1。此外还有钢丝锁紧、紧定螺钉、螺栓镀铜（造成过盈、拧入后铜层塑性变形而充满结合面）、冲点防松、装入前涂厌氧胶粘剂等防松方法。在修理中，带翅垫圈（又称保险垫圈）、开口销等反复拆卸容易断裂，弹簧垫圈失去弹性，应及时更换防松零件。

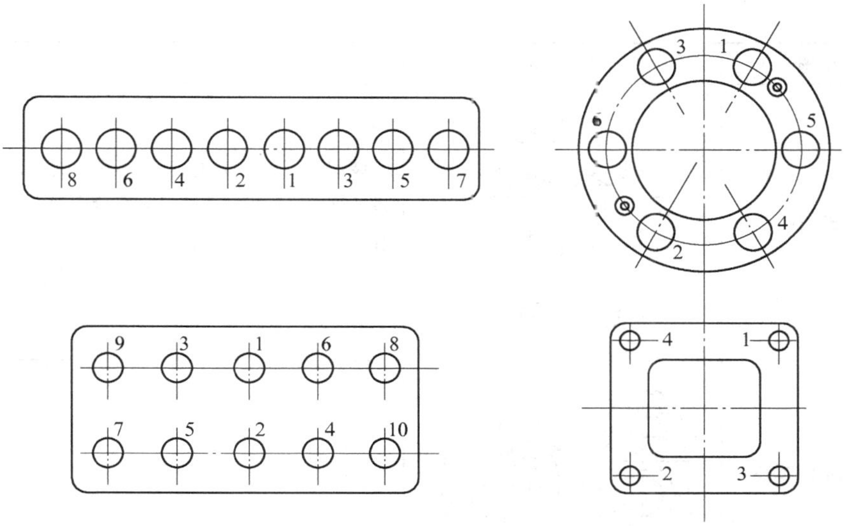

图 6-2　螺纹联接的旋紧顺序

4）有些重要部位或零部件之间的螺纹联接要达到适当的旋紧力矩，满足预紧力的要求。35 钢螺栓不同直径对应的旋紧力矩见表 6-2，其他材料可适当修正，如 30 钢的修正系数 0.75，45 钢的修正系数为 1.1。有的资料还按强度级别列表给出旋紧力矩，供应用时参考。重要的螺纹联接，如发动机的缸体、缸盖联接，连杆大端与连杆盖的联接，要用扭力扳手。

表 6-1　螺纹联接防松措施

防松措施	图　　示	特点和说明
锁紧螺母防松	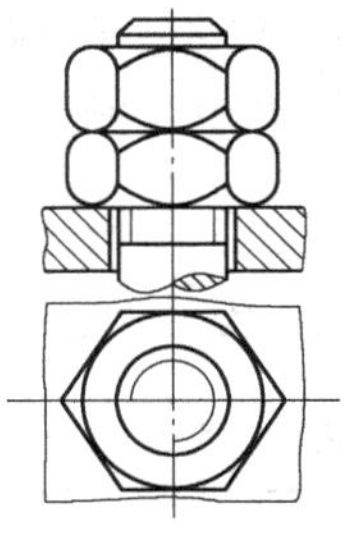	利用两螺母间产生的摩擦力，利用螺母旋紧后的对顶作用，达到防松的目的 不适合高速旋转的机器或振幅较大情况下使用
开口销防松	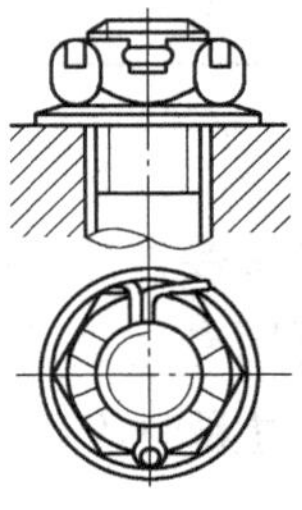	将开口销插进六角螺母和螺栓的孔，然后将开口销的两脚分开一般不宜过大 这种方法安全可靠，但缺点是需在螺母端面上开槽和在螺栓上钻孔，增加了制造成本

（续）

防 松 措 施	图　　示	特点和说明
弹簧垫圈防松	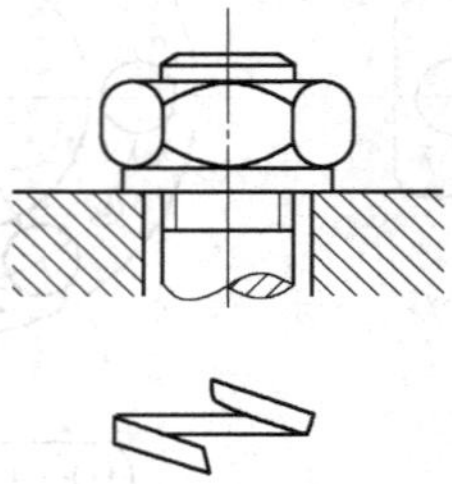	装配时，螺母将弹簧垫圈压平，这样，依靠弹簧垫圈的弹力，而增加了螺母与螺栓之间的摩擦力，所以在一定程度上起到防松作用 这种防松方法可靠性差，适于不十分重要的联接
圆螺母止动垫圈防松	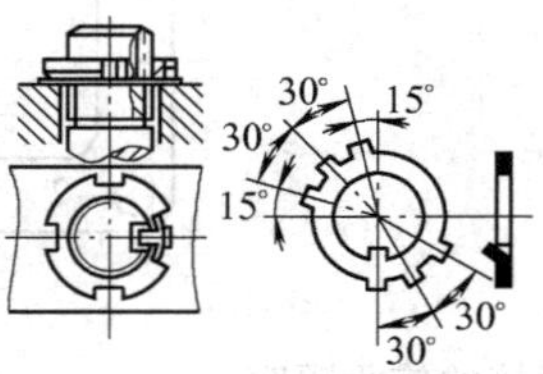	螺母旋紧后，将止动垫圈的一个边（单边或双边）弯到贴紧螺母的侧边（对于圆螺母需弯到贴紧螺母的槽中），这样就把螺母锁住了，起到防松的作用
六角螺母止动垫圈防松	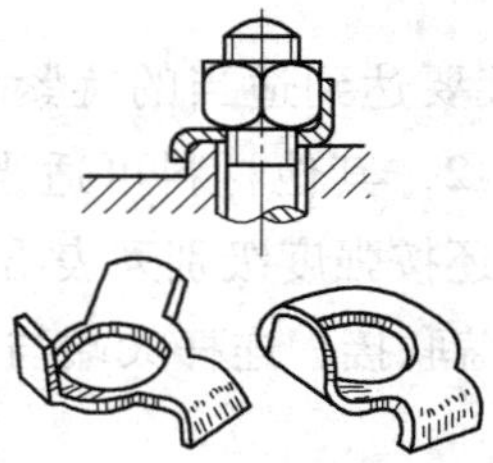	
串联钢丝防松	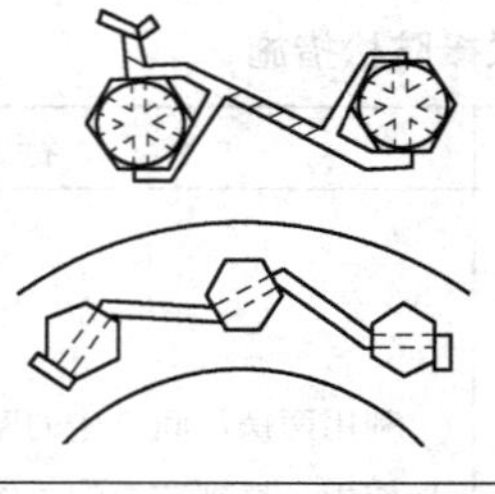	这种方法需要使用钢丝连续穿过一对或一组螺钉（或螺母）头部的小孔，利用钢丝的拉紧达到防松目的，防松时，要注意钢丝的穿入方向，使螺母或螺钉没有退回的余地
其他	螺纹联接防松措施，还有点焊法、点铆法和粘接法等	

表 6-2　螺栓的旋紧力矩（35 钢）

公称直径/mm	6	8	10	12	16	20	24
旋紧力矩/N · m	4	10	18	32	80	160	280

2. 注意事项

1）装配前要对螺纹联接件检查和修整，螺纹联接件不得有弯曲和其他变形、损坏。螺纹部分有不严重的损伤（如轻微的塑性变形）可用专用锉刀、板牙、丝锥来修整。一般螺纹联接没有过盈，用手拧入时应灵活又不松旷，过紧时不得强行拧入互相校正，要用板牙、丝锥校正，过松时应更换不合格件。

2）被联接件的贴合表面要经过加工，平整光洁，且与联接孔垂直。

3）要用规格合适的旋转工具，不得随意使用加长杆，最好不用活动扳手。拆装双头螺柱要用双螺母或专用工具，不要用管子钳。

4）螺纹联接件修理或更换时，要注意螺纹制度的不同，主要有米制和英制螺纹，它们的公称直径、螺距、牙型角的规定不同，二者不能互换。还要注意规格尺寸，同一公称直径还有螺距大小、螺纹方向等不同的区别。

二、键联接的装配

齿轮、蜗轮、带轮、凸轮、飞轮等旋转零件和轴大多采用键联接，装配不当会产生松动，严重时产生“滚键”，即键与键槽全部因严重塑性变形而损坏。对普通平键来说，修理时，键与键槽可能松动，应该修整键槽重新配键。键的毛坯一般为锻件，先刨成长方体（截面为长方形），键宽留有余量，键高达到尺寸要求，在平面磨床上单配键宽达到配合要求，按长度锯下，修锉圆头后装入，全部配键过程也可由钳工完成。平键的配合质量很重要，一般的传动，键与轴槽配成轻打入（稍有过盈），键与轮槽配合达到轮毂可用手推入不松动或轻打入。用于导键时，轮毂可在轴上移动但不松旷；用于滑键时，键与轮槽、轴槽均有间隙但不松旷，可自由滑动。但传递重载、双向转矩，承受冲击载荷时，键与轮槽、轴槽均要有足够过盈。对于键槽有对称度要求，尤其是双键时。配合表面的表面粗糙度一般为 $R_a1.6\mu m$，以保证配合面有足够接触面积，装配质量可靠。

平键与半圆键的装配如图6-3所示，它靠键侧传递转矩，键宽为配合尺寸，要达到配合要求。修配时，键底面与轴槽底面要贴合，键顶面与轮槽底面有间隙。修整键和键槽棱边时去掉飞边、毛刺，倒钝即可。倒角不可过大，否则使工作高度减小，影响承载能力。旧键如果符合技术要求，可以继续使用。使用新键时，应修配（磨削、锉削、刮削等）使键侧工作面接触面积不小于2/3。配制半圆键时，键侧与轴槽、轮槽均稍有间隙不松旷，其尺寸如图6-4所示，弦长 L 和对应弓形高 h 可以从旧键，没有旧键时可以测量轴槽，其直径 d_1 按下式求出

$$d_1 = h + \frac{L^2}{4h}$$

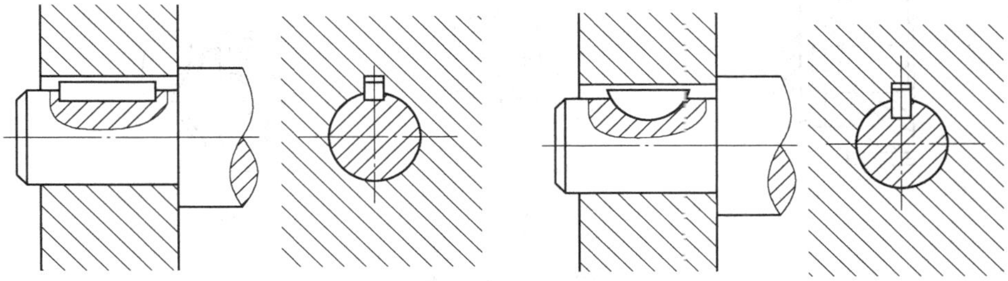

a)　　　b)

图6-3　普通平键联接与半圆键联接

a）普通平键联接　b）半圆键联接

半圆键按直径 d_1 车制并按高度切成，键宽留有一定余量，进行磨削或锉削修配。键顶面与轮槽底面留有间隙，靠两侧面与槽贴合工作。

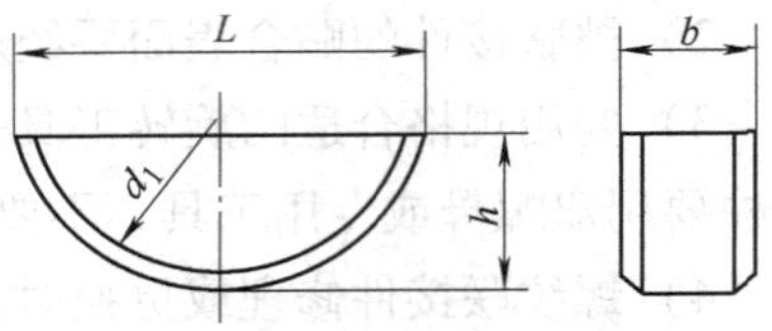

图 6-4　半圆键尺寸

楔键联接属紧键联接，有普通楔键和勾头楔键，楔键键侧与键槽侧面不接触，键的顶面和底面与轮槽和轴槽的底面紧密贴合，靠挤压力及摩擦力传递运动及转矩，即顶面和底面为工作面。顶面有 1∶100 的斜度，修配时必须与轮槽底面贴合，装入时接触面积在长度上应不少于轮毂宽度的 70%，初次打入长度不能大于键全长的 90%。打入时要防止键端产生塑性变形。

常用花键按其齿形分为矩形花键和渐开线花键两类。矩形花键联接的修配中，修理更换时要注意定心方式。以前我国采用大径定心方式较为普遍，新国标采用了小径定心方式。小径定心方式要求定心精度不高以传递转矩为主的传动以键宽定心。定心尺寸精度高，非定心尺寸精度较低，但键宽都具有一定的尺寸精度以传递转矩。渐开线花键的定心方式为齿形定心，它具有自动对中作用，并有利于各键的均匀受力。但加工小尺寸的渐开线花键孔的拉刀制造复杂，成本较高。因此，它适用于载荷较大、定心精度要求较高和尺寸较大的联接。渐开线花键的标准压力角为 30°和 45°。花键的装配形式有滑动、紧滑动和固定三种配合。花键要求一定的位置度公差，即分度均匀以使轴与孔配合良好，能传递足够转矩。花键的失效除磨损外，花键轴有时出现弯曲、扭转变形等，扭转变形严重时需更换花键轴，而弯曲变形则一般采取校直花键轴。

三、销联接的装配

按形状的不同，销可以分为圆柱销、圆锥销和异形销等。常见销联接如图 6-5 所示。

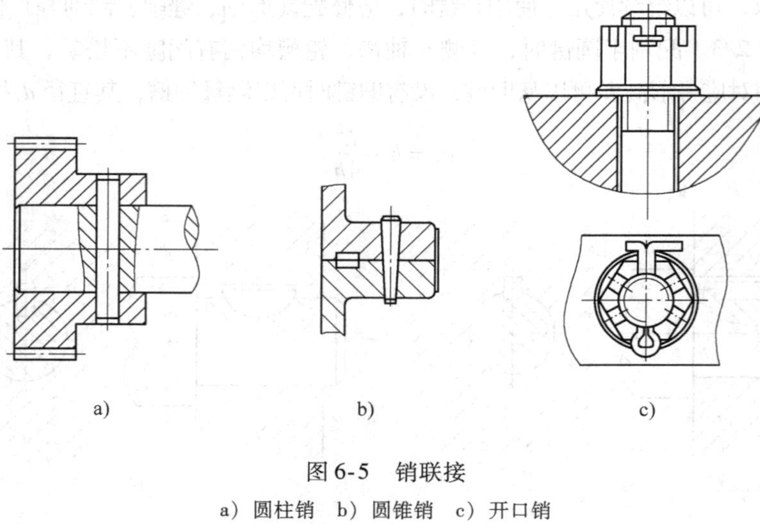

图 6-5　销联接

a）圆柱销　b）圆锥销　c）开口销

圆柱销依靠少量过盈固定在孔中，经过多次装拆后，联接的紧固性及精度降低，故只宜用于不常拆卸处。圆柱销对销孔的尺寸、形状、表面粗糙度等要求较高，销孔在装配前须铰削。通常，被联接件的两孔应同时配作钻铰，孔壁的表面粗糙度不大于 $R_a 1.6\mu m$。装配时，在销上涂上润滑油，用铜棒将销打入孔中。

圆锥销有 1∶50 的锥度，装拆比圆柱销方便，多次装拆对联接的紧固性及定位精度影响较小，因此应用广泛。圆锥销装配时，被联接件的两孔也应同时配作钻铰，但必须控制孔径。钻孔时按圆锥销小头直径选用钻头，用 1∶50 锥度的铰刀铰孔。铰孔时用试装法控制孔径，以圆锥销自由插入全长的 80% ~85% 为宜。然后用软锤敲入。敲入后销的大头可与被联接件表面平齐，或露出不超过倒棱值。

四、滚动轴承的装配

滚动轴承由外圈、内圈、滚动体和保持架等四部分组成，工作时滚动体在内、外圈滚道上滚动。滚动轴承的安装工艺主要包括检查、安装和调整。

1. 检查

滚动轴承在装配前，应先检查与其相配合表面的尺寸、形状精度（主要是圆度和同轴度）和表面粗糙度等是否合乎技术要求，因为滚动轴承是由专业生产厂家按国家标准制造的系列化、标准化的产品，精度较高，且大多数刚性较差，本身不允许修配，故需要先检查与其配合的轴径和座孔孔径符合技术要求后，方可装配。

清洗前，将轴承中防锈油和脏润滑油清除，然后将轴承放在热机油（全损耗系统用油）中使残油熔化，再用煤油冲洗，最后用汽油洗净，并用白布擦干。

不要将清洗干净的轴承直接放在工作台上，要用干净的布或纸垫在轴承下面。拿轴承时戴上不易脱毛的帆布手套，不要用手直接去拿，以防手汗致使轴承生锈。

清洗之后应进行下列项目的检查：

1）轴承是否转动灵活，无卡住等现象。

2）轴承间隙是否合适。

3）轴承是否干净，内外圈、滚动体和隔离圈是否有锈蚀、毛刺、碰伤和裂纹。

4）轴承附件是否齐全。

然后，用内径千分表测量其圆度和圆柱度，检查轴颈圆角与轴承内圈是否相符合。由于轴肩与内座圈侧面以及轴承孔的端面与外座圈的侧面之间应严密接合，故应检查轴肩和轴承孔端面的端面圆跳动，其数值不应超过规定值。

对开式轴承座与轴承外圈接触角应居轴承座正中间且为 120°以上，轴承盖与轴承外圈接触角应居轴承盖正中且为 80° ~120°。

检查轴承部件上的润滑油路，并清除污垢（可用压缩空气吹），以防污物堵塞管道或侵入轴承中。

安装轴承时，应将刻有轴承型号和标记的一面朝外，便于查看。

2. 安装方法

滚动轴承装配方法有手工、机械、热装、冷装等方法，轴承安装采用的工具和方法，可根据配合过盈量大小确定。过盈量小时可使用锤子或借助辅具（一般设计端面形状时，内圈受力时与内圈端面近似，外圈受力时与外圈近似）均匀将轴承轻轻打入轴承座，但严禁直接锤击轴承内外圈，如图 6-6 所示。过盈较大时可借助于机械，如台虎钳、齿条手压床、手动螺纹压力机、油压机、水压机等，压入前一定要均匀稳妥，并借助与内圈或外圈相适应的套筒，加力以缓慢为好。过大的过盈量，装配质量要求较高时，可利用热胀冷缩的原理来装配，将轴承放在油中加热至 100℃后再进行安装，也可以用使轴冷却的方法装配轴承，轴温不得低于 -80℃。热胀法一般采用油浴加热法，用一油箱装入润滑油，将其加热至 100℃左右，将轴承置于支架上浸入油中（图 6-7a），或较小轴承吊装入油中（图 6-7b），以免轴承接触箱底造成局部过热或沾上箱底沉淀物，加热 10 ~ 15min 后用夹钳从油中取出迅速套装在轴颈上。冷装法一般用于外圈装入座孔或配合直径较小的零件，冷却外圈或轴件的方法可以用干冰（固体 CO_2），也可以将轴承或轴件放在工业冷柜中，在 -40 ~ -50℃温度下冷冻 10 ~ 15min，取出后迅速装入轴承座孔或轴承内孔。

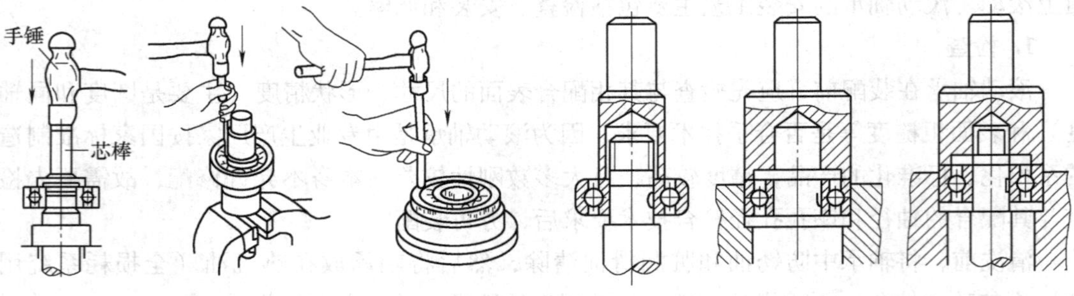

图 6-6　滚动轴承安装方法

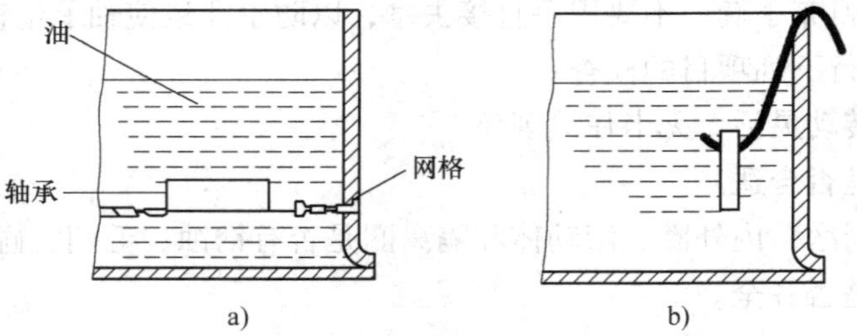

图 6-7　油浴加热法

a）轴承放在网格上　b）轴承挂在吊钩上

3. 滚动轴承的间隙调整

调整滚动轴承间隙的方法主要有三种，即垫片调整法、螺钉调整法、止推环调整法，如图 6-8 所示。

1）垫片调整法。这种调整法是先用螺钉把端盖上紧到使轴承中没有任何间隙时为止（此时最好将轴转动），然后用塞尺量出端盖面与轴承座端面间的间隙，再加上所要求的轴向间隙，即为所需要垫的厚度。垫片可用纯铜皮，也可用纸垫。不管用哪种垫片，都要平整光洁，不允许在垫片的边缘或螺钉穿过的孔洞处有卷边或不平的现象。垫片要准备几种不同的厚度，当需要几层垫片叠起来用时，其总厚度应以端盖上紧后所测量出的厚度为准，而不能未经压紧时的多层垫片叠加厚度计算。

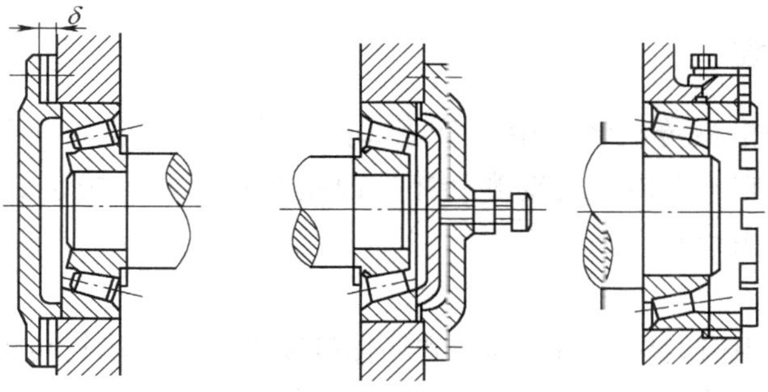

图 6-8　滚动轴承的间隙调整

a）垫片调整　b）螺钉调整　c）止推环调整

2）螺钉调整法。先把调整螺钉上的锁紧螺母松开，再旋转调整螺钉，使其推动止推盘向前移动，止推盘又推压外圈，直到轴转动发紧时，停止旋拧螺钉；最后根据轴向间隙的要求，将调整螺钉退转到一定位置，把锁紧螺母旋紧，这样便达到了调整间隙的目的。

3）止推环调整法。用止推环调整时，先旋拧具有外螺纹的止推环，使其推动轴承外圈向里移动，直到轴转动发紧时为止。然后根据轴向间隙的要求把止推环倒退到一定的位置，再用止动片予以固定。

4. 注意事项

1）装配前应检查与滚动轴承相配合的轴承座的尺寸，符合配合要求方可装入。

2）将新轴承防锈油要彻底清洗干净，保证轴承与轴承座的配合表面无污物和缺陷。

3）装入前，在配合表面均匀涂抹润滑油，以免装入时拉伤配合表面，又可以方便反复拆装，防止生锈。

4）打入轴承时要防止歪斜，歪斜严重时易咬伤配合表面，还会使轴承圈断裂。有轴肩和孔的台阶时，一定要使轴承靠紧肩台的端面（打入时可听到实音）。

5）安装推力球轴承时，注意轴圈（紧环）和座圈（松环）的位置不要装错。安装圆锥滚子轴承时，由于是分体式，内、外圈要分别安装，注意装入内圈时不要损伤保持架造成滚锥散落，安装后对间隙要进行调整。安装角接触球轴承时，因它是径向上推轴承，故方向不能装反。成对配置时，其配置方式有背对背、面对面和同向排列三种，应按图样要求装配或拆卸时做出标记。为了提高其刚度和回转精度，安装完成后要预加负荷，消除滚珠和滚道之间的间隙并形成一定的弹性变形，以更好地承受外载，预加负荷请按装配工艺或参考有关技术资料。

6）高精度主轴轴承一般采用定向装配，后轴承精度不得高于前轴承精度，否则会降低主轴的回转精度。采用误差抵消法装配，即多次改变轴承圈与配合轴颈的相对位置，实测其径向圆跳动，找到跳动值最小时的位置作为最终装配位置。

滚动轴承装配调整后，应转动灵活无阻滞现象，没有明显的轴向窜动，正常工作时没有异常的振动、噪声和温升。主轴装配后还要满足回转精度的要求，即径向圆跳动、端面圆跳动和轴向窜动等项目要合格，并力求达到误差值为最小的状态。

五、齿轮的装配

齿轮传动机构是机械传动装置中的重要部件，具有传动准确可靠、结构紧凑、体积小、效率高等特点，它不但传递运动和转矩，改变转速大小和方向，还可以改变运动方式。齿轮传动机构应用十分广泛。

1. 安装要求

齿轮传动装置是由齿轮副、轴、轴承和箱体等零件组成。齿轮传动质量主要取决于这些组成零件尤其是齿轮的制造质量，其次是与装配精度有密切的关系。齿轮传动的使用要求有以下四个方面：

1）传递运动的准确性（Ⅰ组）。

2）传动的平稳性（Ⅱ组）。

3）载荷分布的均匀性（Ⅲ组）。

4）保证适当的齿侧间隙。

为达到前3项要求对齿轮制造误差进行控制，设置第Ⅰ、Ⅱ、Ⅲ公差组，每组内设多项公差。对齿轮副的要求包括齿轮副的切向综合公差、一齿切向综合公差、接触斑点和齿侧间隙等四个方面。为达到齿轮副的齿侧间隙要求需要控制中心距偏差、轴线平行度误差和单个齿轮的齿厚。

由于齿轮传动的用途和工作条件不同，对其以上四个方面的要求各有侧重。例如，机床的分度机构、仪器读数装置等要求分度准确的齿轮传动，主要要求传递运动的准确性和较小的齿侧间隙；机床和汽车的变速箱的齿轮传动，主要要求传动的平稳性；低速重载的齿轮传动要求良好的载荷分布均匀性和足够大的齿侧间隙；高速重载的齿轮传动则各项要求均很高。这四个方面要求相互间既有一定的联系，又应有主、次之分。在设计、加工、修理和装配中按具体要求区别对待。装配精度对齿轮传动的平稳性、承载能力、啮合质量、使用寿命均有很大的影响，故在修理时，对齿轮的装配质量要给以足够的重视。

2. 检查

一般齿轮传动装配后，主要检查齿轮副的齿侧间隙和齿轮工作面啮合情况。齿轮副的齿侧间隙分为圆周间隙和法向间隙，重要的、精密的齿轮传动要检测传动精度。检查齿轮副齿侧间隙的方法有压铅法、塞尺测量法、指示表测量法等。

压铅法如图6-9所示，将铅片或铅丝放在轮齿间，传递齿轮挤压后，测量被压扁的铅片厚度。塞尺测量法是将塞尺塞进轮齿间隙中，用塞尺测量齿轮的齿侧间隙值。

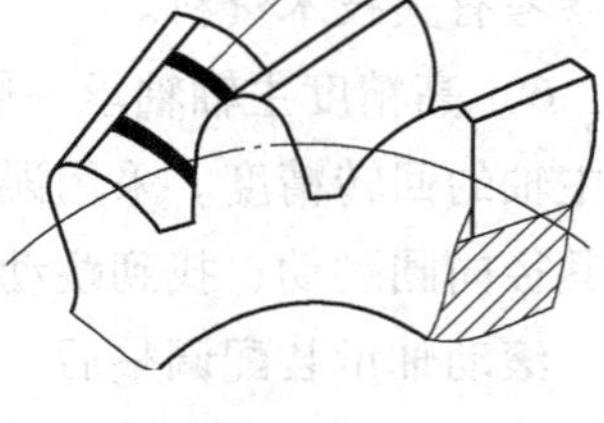

图6-9 压铅法

指示表测量法如图6-10所示，将百分表架固定在箱体或基座上，检验杆1固定在齿轮轴Ⅰ上，百分表2的测头3顶在检验杆1距轴Ⅰ中心 L 处。测量时转动轴Ⅰ上齿轮而令另一齿轮固定不转动，轴Ⅰ转动两个极限位置对应百分表两读

数之差为 δ_0，齿轮副的齿侧间隙 Δ 值按比例法求出，即

$$\Delta = \delta_0 r/L$$

式中 δ_0——百分表读数（mm）；

r——转动齿轮节圆半径（mm）；

L——从检验杆旋转中心到检验杆被百分表触头触及点的距离（mm）。

这种测量方法，也可用杠杆百分表测头直接触及齿轮分度圆附近，百分表读数差值即为 Δ 值。

齿轮工作面啮合情况的检查是依据齿轮副啮合的接触斑点来进行判断，一般采用涂色法检查（精度高时用光泽法）。

检查时，在齿轮工作面上涂一薄层显示剂，在轻微状态（既不使齿轮脱离啮合，又不因制动力大小而变形）下运转后，对接触印痕进行检查，根据接触面积大小、位置判定装配质量。图 6-11 所示为涂色法的四种情况。印痕应该在节圆附近，图 6-11a 为齿长方向中部，要求高时，计算印痕平均高度占工作高度的百分比，平均长度占工作长度的百分比，并达到规定要求。当啮合印痕偏离齿面中部如图 6-11b、c、d 所示，应从齿轮精度、与轴的配合、轴是否弯曲、中心轴两轴线是否平行等方面分析找出原因并进行调修。为提高接触率，在条件允许时，可采用研磨法，如齿轮减速器制造中有的就采用研磨法或电腐蚀法。磨合时对轴承等部位严加保护，不能将研磨剂甩入轴承，磨合完毕后要拆卸进行彻底清洗。

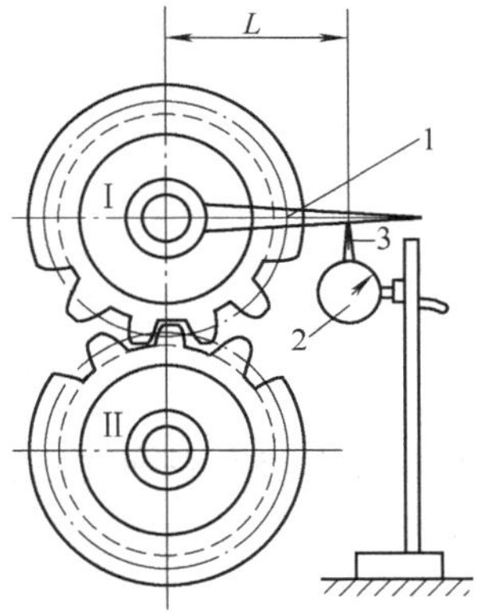

图 6-10　指示表测量法

1—检验杆　2—百分表　3—测头

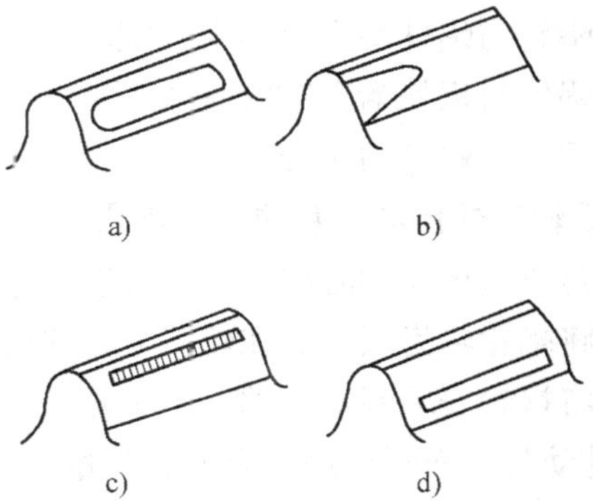

图 6-11　涂色法

a）齿长方向中部　b）、c）、d）偏离齿面中部

3. 注意事项

1）装配前对齿轮传动装置的有关零件尤其是经修复和更换的齿轮进行检查、核对，齿轮副最好成对更换。

2）对有关零件进行必要的修整，去除飞边、毛刺和碰伤等缺陷，对所有零件进行彻底清洗。

3）装配时，齿轮孔与轴、单键或花键等配合要合乎要求。调整时，一对旧齿轮或新旧齿轮啮合要注意啮合轨迹。一般两齿轮轴向上要对中。滑移变速齿轮各级变速位置尽量

对中且变速装置稳定可靠。

4）齿轮装在轴上不能歪斜和产生变形，多级传动的齿轮，各级传动轴要分别装配调整至转动灵活且无明显轴向窜动。附加紧固件如紧定螺钉、锁紧钢丝、螺母、弹簧挡圈、销钉等均要安装稳妥，防止运转中松脱。

5）装配后检查齿侧间隙和接触斑点。接触斑点是修理装配的最现实的标志和最后的综合反映，达不到要求时，要分析找出原因，进行调整。

6）进行必要的试车和跑合，发现问题及时调修。跑合时注意采取适当的磨合规范。

六、蜗轮蜗杆的装配

蜗轮蜗杆传动常见于传动比大的场合，它的特点是传动比大而且正确、传动平稳、噪声小，结构紧凑、能自锁。缺点是效率低、工作时产生摩擦力大，需要良好润滑条件。蜗轮蜗杆传动装置的组成和装配要求与齿轮传动装置类似，不同的是传动件为蜗轮蜗杆副，两轴相互垂直传动。

1. 安装要求

为了确保蜗轮蜗杆传动精度（包括传动的运动精度、工作平稳性精度和接触精度），在安装时必须控制以下安装误差：

1）蜗轮和蜗杆轴线的垂直度误差。

2）蜗杆轴线与蜗轮平面之间的偏移。

3）蜗轮与蜗杆啮合时的中心距。

4）蜗轮与蜗杆啮合时的侧隙。

5）蜗轮与蜗杆的接触面积。

2. 蜗轮蜗杆传动装置的安装步骤

1）检查箱体孔中心线间的垂直度误差和中心距误差。

2）将蜗轮轮齿圈压装在轮毂上，并用螺钉固定。

3）将蜗轮安装到蜗轮轴上。蜗轮安装到轴上的检查方法均与安装圆柱齿轮相同，其径向圆跳动与端面圆跳动的允差和测量方法也和圆柱齿轮相同。

4）将蜗轮与轴部件安装到箱体上。

5）安装蜗杆，蜗杆轴心线位置由箱体孔确定。

3. 蜗轮蜗杆传动装置的检查

蜗轮蜗杆传动装置装配质量好坏同样取决于组成零部件的制造质量、尤其是蜗轮的质量，其次是装配质量。在装配中和装配后，一般的蜗轮蜗杆传动装置主要检查两轴线的中心距和垂直度、啮合的齿侧间隙和啮合接触面积等项目。

（1）蜗轮与蜗杆轴线的垂直度检查　蜗轮与蜗杆轴线垂直度检查方法如图 6-12 所示，在蜗轮蜗杆安装位置上各装一个检验棒 1 和 2，在检验棒 2 上套装一个摇杆 3，在摇杆 3 的另一活动端上安装一个千分表，调整千分表测头，使其和检验棒 1 上的 m、n 点接触，千分表在 m，n 两点读数相同，说明蜗轮与蜗杆轴线垂直。如在 m、n 两点读数不同，其差值为 Δ（mm），m、n 两点距离为 L（mm），则蜗轮蜗杆轴线在 1m 长度上的垂直度误差为

$$\delta = 1000 \times \Delta / L \quad (\mathrm{mm/m})$$

蜗轮与蜗杆中心距可用内径千分尺来测量，如图6-13所示，使内径千分尺两端与检验棒1和2轻轻接触，测出数值 H，则中心距 A 为

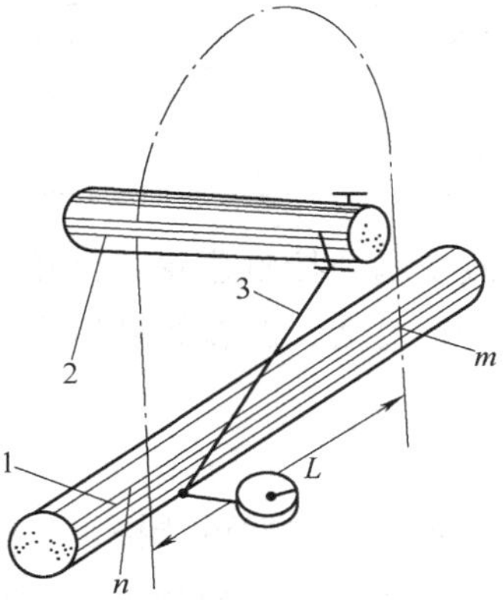

图6-12　垂直度误差检验法

1、2—检验棒　3—摇杆

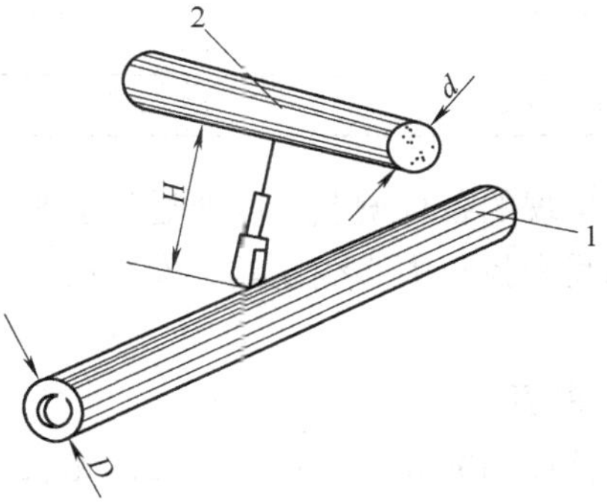

图6-13　中心距测量

1，2—检验棒

$$A = H + (D + d)/2$$

（2）蜗杆轴线与蜗轮中间平面之间偏移量的检查　正确的安装，应使蜗杆轴心线在蜗轮轮齿的对称平面内，但安装后常出现偏差，检查方法如图6-14所示，有样板检查与挂线检查两种方法。用样板检查时，将测量样板的一端分别紧靠在蜗轮两个侧面上，用塞尺分别测量样板与蜗杆之间的间隙 a，如图6-14a所示，如测得的 a 值相等，说明蜗轮中间平面与蜗杆轴心线重合，反之则有偏移。

用挂线检查时，将经过仔细挑选的钢丝挂在蜗杆上，用塞尺或其他测量工具测出钢丝与蜗轮两端面之间的间隙 a，如图6-14b所示。

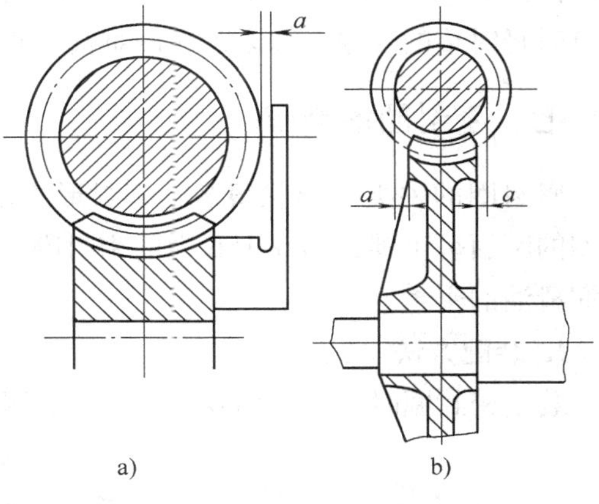

图6-14　蜗杆轴线与蜗轮中间平面偏移量的检查

a）样板法　b）挂线法

（3）蜗轮蜗杆啮合间隙的检查　蜗轮与蜗杆啮合间隙可用塞尺来检查，也可用千分表来测量。用千分表测量时，千分表测头直接接触在蜗轮轮齿表面并垂直于齿面，使蜗杆固定不动，轻轻往返转动蜗轮，就可以从千分表上直接读出蜗轮蜗杆齿面之间的啮合间隙。

（4）蜗轮蜗杆啮合接触面积的检查　将蜗轮、蜗杆装入箱体后，将红丹粉涂在蜗杆螺旋面上，转动蜗杆，用涂色法检查蜗杆与蜗轮的相互位置、接触面积和接触斑点等情况。

正确的接触斑点的位置应印在蜗轮中部并稍微向蜗杆旋出方向偏移，其他斑点位置均不正确，应予调整。正确啮合的蜗轮蜗杆的接触面积的大小应符合表6-3的规定。

表 6-3　蜗轮蜗杆齿面接触面积

公差等级	IT7	IT8	IT9
沿齿高不少于（%）	60	50	30
沿齿长不少于（%）	65	50	35

安装后出现的各种偏差可以通过移动蜗轮中间平面改变啮合接触位置来修正，也可以刮削蜗轮轴瓦来找正中心线偏差。安装后还应检验是否转动灵活，旋转蜗杆所需力矩应始终相等。

4. 注意事项

蜗轮蜗杆传动的装配注意事项与齿轮装配相近，只是要求对中性更严格，一般通过调整蜗轮轴向位置达到蜗杆轴线位于蜗轮中间平面内，即在中间平面内相当于齿条与齿轮的啮合，且接触区偏向蜗杆啮出侧，才有利于形成润滑油膜，大大提高使用寿命。对中性差会导致短时间内严重磨损。一些蜗轮的蜗轮圈和轮毂为分体式，装配时先将蜗轮圈和轮毂装好，安装在蜗轮轴上，然后检查蜗轮圈的径向圆跳动和蜗轮的端面圆跳动，合格后再装入箱体。要求较低的蜗轮蜗杆传动，要求装配后运转轻便，一般用手转动蜗杆，传动中不应有时轻时重的现象，如果运转困难甚至咬住，通常是啮合间隙过小，应予调修。

七、密封圈的装配

密封圈的种类和形状很多，密封形式也不相同，如图6-15所示。如图6-15a中的密封圈的断面呈正圆，图6-15b中的密封圈一般是一套3件并用，图6-15c中的密封圈常用于润滑油的密封。

1. 装配方法

装配密封圈时一般使用专用工具。如图6-16所示，用压板压住工件的一侧，当转动

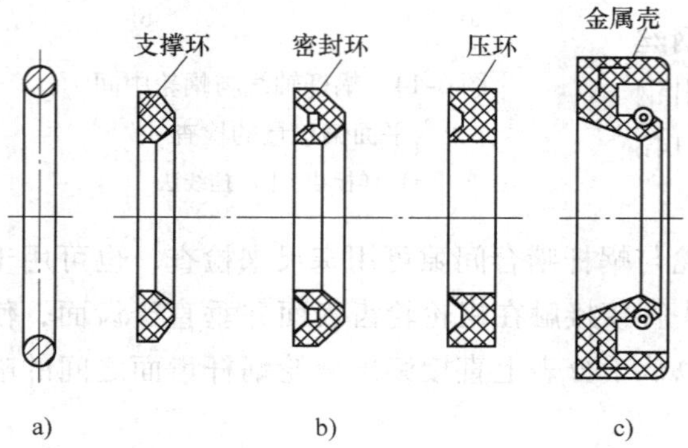

图6-15　密封圈

a）O形密封圈　b）V形密封圈　c）带金属壳密封圈

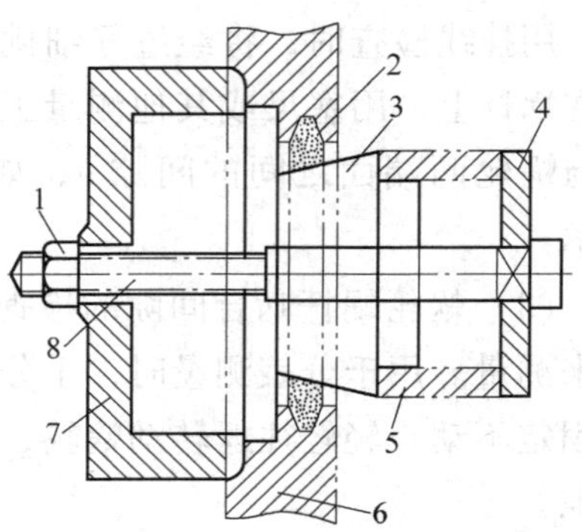

图6-16　装配密封圈

1—螺母　2—密封圈　3—引锥　4—托板
5—衬套　6—工件　7—压板　8—螺杆

螺母螺杆就带着引锥向左移动，把密封圈塞入工件的槽内。继续转动螺母，螺杆和托板就将衬套压进密封圈内，然后卸下工具。

2. 注意事项

装配密封圈时，要注意保护其密封边（也称唇边，即与被装配件的接触边），如果密封边被拉伤或划伤，容易出现泄漏现象，降低其密封作用。在装配中，当密封圈需从螺纹处通过时，为防划伤应使用专用胎具或用胶布包好；安装非对称密封圈时，应注意密封的方向，不要把密封圈装反，否则将失去密封效果。

附　　录

附录 A　产品图样的编号

机械装置测绘中，有许多零部件图样及技术文件，为便于整理、查阅、归档，必须有一套编号规则对其进行编号。每个产品、部件、零件的图样及设计文件均应有独立的代号，犹如人的身份证一样，名字可以同名，但代号不能重复。同一产品、部件、零件用数张图样绘出时，各张图样应标注同一代号。

测绘的图样及技术文件的编号通常采用隶属编。隶属编号是按机器、部件、零件的隶属关系进行编号的。隶属编号分全隶属编号和部分隶属编号两种，这里只介绍全隶属编号。全隶属代号由产品代号和隶属代号组成，中间可用圆点或短横线隔开，必要时可加尾注号。全隶属代号码位表如图 A-1 所示。

					隶属号					
码位	1	2	3	4	5	6	7	8	9	10
含义	计算机数据信息分类码位		产品代号码位		各级部件序号码位		零件序号码位		设计文件、产品改进码位	

图 A-1　隶属码位表

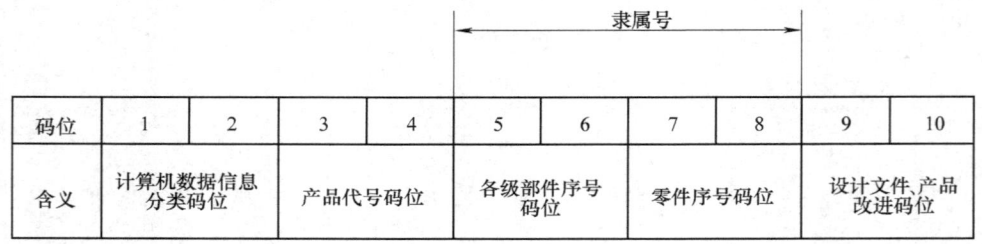

图 A-1 中 1、2 码位表示计算机辅助管理数据信息分类，为适应企业信息化管理而设。不用的码位，可暂不编入代号中。

产品代号由字母和数字组成，隶属号由数字组成，其级数与位数应按产品结构的复杂程度而定。部件的序号，应在其所属（产品或上一级部件）的范围内编号，零件的序号，应在其所属（产品或部件）的范围内编号。设计文件和产品改进由字母组成的尾注号表示，如改进尾注号与设计文件尾注号同时出现时，两者所用字母应予以区别，改进尾注号在前，设计尾注号在后，并在两者之间空一字间隔（或加一短线）。

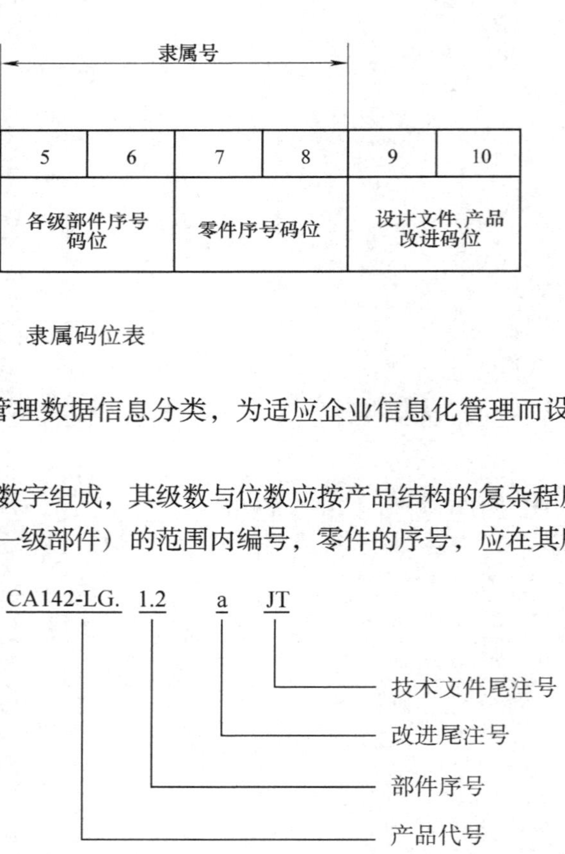

常用设计文件尾注号见表 A-1。

表 A-1　常用设计文件尾注号

序　　号	名　　称	代　　号	字 母 含 义
1	技术任务书	JR	技任
2	技术建议书	JJ	技建
3	研究试验大纲	SG	试纲
4	研究试验报告	SB	试报
5	计算书	JS	计书
6	技术设计说明书	SS	设说
7	型式试验报告	XS	型试
8	试用（运行）报告	SY	试用
9	技术经济分析报告	JF	经分
10	标准化审查报告	BS	标审
11	试验总结	SZ	试总
12	试验鉴定大纲	SJ	试鉴
13	文件目录	WM	文目
14	图样目录	TM	图目
15	明细表	MX	明细
16	通（借）用件汇总表	T（J）Y	通（借）件
17	外购件汇总表	WG	外购
18	标准件汇总表	BZ	标准
19	技术条件	JT	技条
20	设计评审报告	SP	设评
21	使用说明书	SM	说明
22	合格证（合格说明书）	ZM	证明
23	质量证明书	ZZ	质证
24	装箱单	ZD	装单

全隶属编号一般分为一级部件、二级部件和三级部件，其编号形式如图 A-2 所示，各级部件及直属零件的编号如下：

产品代号：CA142-LG

一级部件编号：CA142-LG.2

二级部件编号：CA142-LG.2.1

三级部件编号：CA142-LG.2.1.1

产品直属零件编号：CA142-LG-1

一级部件所属零件编号：CA142-LG.2-1

二级部件所属零件编号：CA142-LG.2.1-1

三级部件所属零件编号：CA142-LG.2.1.1-1

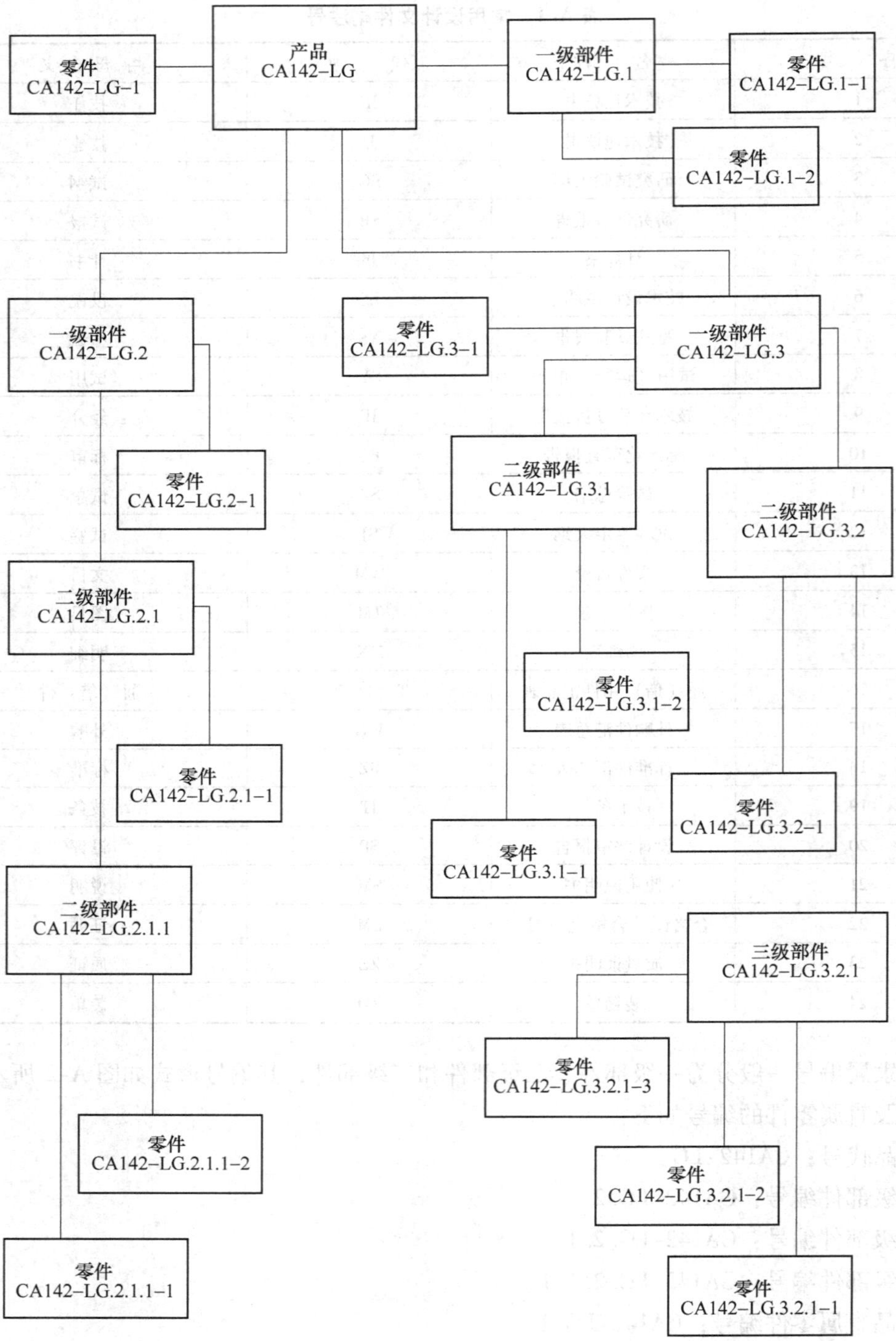
零件
CA142–LG–1
产品
CA142–LG
一级部件
CA142–LG.1
零件
CA142–LG.1–1
零件
CA142–LG.1–2
一级部件
CA142–LG.2
零件
CA142–LG.3–1
一级部件
CA142–LG.3
零件
CA142–LG.2–1
二级部件
CA142–LG.3.1
二级部件
CA142–LG.3.2
二级部件
CA142–LG.2.1
零件
CA142–LG.3.1–2
零件
CA142–LG.2.1–1
零件
CA142–LG.3.2–1
零件
CA142–LG.3.1–1
二级部件
CA142–LG.2.1.1
三级部件
CA142–LG.3.2.1
零件
CA142–LG.3.2.1–3
零件
CA142–LG.2.1.1–2
零件
CA142–LG.3.2.1–2
零件
CA142–LG.2.1.1–1
零件
CA142–LG.3.2.1–1

图 A-2　全隶属编号形式

附录B 装配工艺流程模板（台式钻床主轴箱装配工艺流程）

工序	装配工艺方法	技术要求	工艺装备	通用工具
齿条套筒部件组装				
1	修刮清理花键主轴、齿条套筒等零件的毛刺，清洁所有零件 将花键主轴放入冰柜内降温至最低温度 −15℃ ~ −18℃，时间保持8h以上	不得磕伤零件加工面，主轴在冰柜里必须竖放 冻前主轴零件浸润滑油		
2	1）将6203轴承摆正后用专用压头工具平稳地压入齿条套筒短端轴承孔 2）将孔挡圈卡入套筒孔槽内	1）轴承应摆正后平稳压入 2）压轴承时应施力于轴承外圈端面 3）没有润滑油的轴承须加入润滑油脂	专用压头工具	内卡簧钳
3	1）将6203轴承摆正后用专用压头工具平稳地压入齿条套筒长端轴承孔 2）依次把内挡圈、外挡圈装入套筒孔中，再用专用工具将套筒螺母旋紧于套筒外螺纹上	1）轴承应摆正位置后平稳压入 2）压轴承时应施力于轴承外圈端面 3）没有润滑油的轴承须加入润滑油脂 4）固定套必须旋紧，垫圈必须要松动自如	专用工具	
4	1）将装有套筒螺母端朝上竖放在专用工装上，把经过冷冻的花键主轴轻压于两只轴承孔内，并卡入轴挡圈 2）用木锤敲击花键主轴端部回松轴承，手握花键主轴转动套筒手感应平稳、灵活 3）检查主轴锥面对套筒外圆径向圆跳动不大于0.01mm	1）可用铜（木）锤作辅助敲击 2）套筒外圆面有毛刺时，可用粒度为F120 ~ F400精油石、F40砂布修磨 3）主轴锥面对套筒外圆径向圆跳动不大于0.008mm	专用工装	外卡簧钳、0 ~ 2mm千分表、平板、V形块、表架
5	检验： 1）应保持操作时清洁 2）手感齿条套筒转动应平稳、灵活 3）主轴锥面对套筒外圆径向圆跳动不大于0.01mm			0 ~ 2mm千分表、平板、V形块、表架
齿轮轴部件组装				
1	将齿轮轴毛刺修刮清理干净，并清洁手柄座、刻度盘、齿盘、螺母、弹簧、齿销、键等零件			

（续）

工序	装配工艺方法	技术要求	工艺装备	通用工具
2	刻度盘组件组装： 1）用专用工装将齿销平稳压入刻度盘 ϕ8H7 孔内，注意齿销方向 2）将定位销平稳地压入刻度盘 ϕ5H7 孔内	1）齿销位置方向必须正确，防止刻度盘打滑 2）齿销、销与刻度盘的配合要紧，不能松动	专用工装	
3	在齿轮轴上依次装入键、齿盘、轴挡圈，将弹簧配入齿盘平面槽内，再装上刻度盘组件，旋入锁紧螺母并旋紧	刻度盘锁紧后，齿销与齿盘间不发生打滑		
4	将齿轮轴摆正后平稳地压入手柄座孔中	齿轮轴必须摆正后再平稳地压入		
5	配作齿轮轴 ϕ5mm×900 孔，回攻手柄座 M6 螺孔至齿轮轴 ϕ5mm 孔	不得损伤手柄座螺纹、镀铬层等		ϕ5mm 直柄麻花钻、M6 丝锥
6	旋入紧定螺钉 M6×20 并拧紧	螺钉必须旋紧，手柄座与齿轮轴无相对打滑		
7	检验： 1）各零件安装位置正确，清洁无损伤 2）刻度盘锁紧后，齿销与齿盘间不发生打滑 3）手柄座与齿轮轴无相对打滑			
	花键套部件组装			
1	将花键套、轴承隔离圈毛刺修刮干净，并清洁所有待装零件	不得磕伤零件加工面		
2	将花键套放入冰柜内降温至最低温度 -15℃ ~ -18℃，时间保持 8h 以上	花键套冷冻前涂润滑油	冰柜	
3	把 6205 轴承、轴承外隔圈、6205 轴承依次放入专用工装内，将冷冻过的花键套压入轴承孔内	将花键套有花键端外圆压入轴承孔内	专用工装	
4	1）用专用工具把钢丝挡圈装入花键套槽内 2）回松轴承，手握花键套转动轴承，转动应灵活，无阻滞现象	1）允许花键套有微量轴向窜动量 2）花键套转动灵活，无阻滞现象	专用工装	
5	检验： 1）各零件安装位置正确，清洁无损伤 2）允许花键套有微量轴向窜动量 3）花键套转动灵活，无阻滞现象			

（续）

工序	装配工艺方法	技术要求	工艺装备	通用工具
		主轴箱清洗		
1	用干净柴油将箱体腔内各孔清洗干净，要求腔内不得有铁屑、砂粒、腻子等残留物粘附	腔内及各孔表面清洁，无铁屑、砂粒、腻子等残留物粘附		
2	清洗后把箱体应放到专用工位器具上滴干			
3	检验： 箱体腔内及各孔表面清洁，无铁屑、砂粒、腻子等残留物粘附			
		箱体部件总装		
1	1）自检齿条套筒部件、齿轮轴部件、花键套部件，清洁其他待装零件 2）自检箱体 ϕ50mm、ϕ52mm、ϕ70mm、ϕ32mm 孔，孔腔及孔口应无毛刺、硬点，有凸出毛刺、硬点修刮清理干净	待装零件不许有磕碰伤，发现要进行修整 孔内及孔口不许有凸出的毛刺、硬点		
2	把箱体平放在橡皮垫上，将轴套摆正后平稳压入箱体 ϕ32H7 孔，用三颗螺钉把弹簧罩紧固在主轴箱上	套压入时应摆正，套的端面与箱体 ϕ32H7 孔左端面齐平		
3	将箱体上的 ϕ8H7 孔清洁去毛刺，再把零位销 ϕ8mm 敲入	不能重敲，防止套筒孔变形		
4	把浸过机油（全损耗系统用油）的羊毛垫套入套筒外圆，选配齿条套筒部件，装入箱体 ϕ50mm 孔，手拉齿条套筒部件上下移动无阻滞	套筒与箱体的配合要选配，手拉套筒组件上下运动无阻滞		
5	在齿轮轴 ϕ10mm × 8mm 中部处与弹簧轴配作钻 ϕ5mm × 90°沉孔	要求与手柄座紧定螺钉 M6 在同一侧的水平方向		
6	将齿轮轴部件装入箱体 ϕ32H7 孔内，轮齿啮合后，摇动手柄套筒上下移动灵活，无阻滞	1）不得碰伤套筒齿表面 2）轮齿啮合后，摇动手柄，套筒移动灵活		
7	将调整垫圈装入齿轮轴 ϕ12mm 外圆上，把弹簧装入弹簧罩内，外端卡在弹簧罩槽内，装上弹簧轴组件，用专用工具把弹簧旋紧约两圈，旋紧 M6 × 10 螺钉 齿轮轴轴向窜动不大于 0.5mm	1）套筒能依靠弹力自动复位 2）齿轮轴轴向窜动不大于 0.5mm	专用工具	

（续）

工序	装配工艺方法	技术要求	工艺装备	通用工具
8	1）将花键套部件套入花键主轴，摆正后用专用工具压入主轴箱轴承孔中 2）在箱体上旋入紧定螺钉并旋紧，装上带轮，用螺母将带轮紧固在花键套上	1）要求施力于轴承外圈，轴承与主轴箱端面齐平 2）紧定螺钉必须旋紧	自备工装	
9	检验： 1）齿条套筒全程移动必须灵活，自动回升时应无任何卡阻现象 2）主轴外锥径向圆跳动0.02mm 3）齿条套筒移动对主轴轴心线的平行度0.03/100			

参 考 文 献

[1] 机械工业职业技能鉴定指导中心．钳工技能鉴定考核试题库［M］．北京：机械工业出版社，2004.

[2] 陈宁娟，高巍．机械测绘技术［M］．北京：高等教育出版社，2009.

[3] 周红，黄汉军．机械系统拆装［M］．上海：上海科学技术出版社，2009.

[4] 孙庆群．机械工程综合实训［M］．北京：机械工业出版社，2005.

[5] 王先逵．机械装配工艺［M］．北京：机械工业出版社，2008.

[6] 郑建中．机器测绘技术［M］．北京：机械工业出版社，2006.

[7] 丁武学．装配钳工实用技术手册［M］．南京：江苏科学技术出版社，2006.

[8] 何建民．钳工操作技术与窍门［M］．北京：机械工业出版社，2006.